数智化时代会计专业
融合创新系列教材

U0160623

大数据技术
应用基础

周若谷　苏飚　吕岩荣◎主编
厦门网中网软件有限公司◎组编

人民邮电出版社
北　京

图书在版编目（CIP）数据

大数据技术应用基础 / 周若谷，苏飏，吕岩荣主编
. -- 北京：人民邮电出版社，2023.1（2024.7重印）
数智化时代会计专业融合创新系列教材
ISBN 978-7-115-60460-6

Ⅰ. ①大… Ⅱ. ①周… ②苏… ③吕… Ⅲ. ①数据处
理－高等职业教育－教材 Ⅳ. ①TP274

中国版本图书馆CIP数据核字（2022）第216375号

内 容 提 要

"大数据技术应用基础"是财经类专业学生学习大数据技术的入门课程。本书选取薪资管理、量化投资、固定资产管理3个常见的财务工作场景，详细介绍了这些工作场景涉及的大数据基础知识、数据库基础操作和高级操作，以及数据采集和数据可视化等专业知识。

本书体系结构完整，内容丰富，学做练一体化设计，适合作为高校大数据与会计、大数据与财务管理、会计信息管理、统计与会计核算等财经类专业的教材，也可供企业财务岗位人员学习参考。

◆ 主　　编　周若谷　苏　飏　吕岩荣
　　责任编辑　崔　伟
　　责任印制　王　郁　彭志环
◆ 人民邮电出版社出版发行　　北京市丰台区成寿寺路11号
　　邮编　100164　电子邮件　315@ptpress.com.cn
　　网址　https://www.ptpress.com.cn
　　三河市君旺印务有限公司印刷
◆ 开本：787×1092　1/16
　　印张：12.5　　　　　　　　　2023年1月第1版
　　字数：306千字　　　　　　　2024年7月河北第5次印刷

定价：49.80元

读者服务热线：(010)81055256　印装质量热线：(010)81055316
反盗版热线：(010)81055315
广告经营许可证：京东市监广登字20170147号

前　言

党的二十大报告指出："加快发展数字经济，促进数字经济和实体经济深度融合，打造具有国际竞争力的数字产业集群。"数字技术和数字经济日益成为新一轮国际竞争的重点领域，数字化技术和人才支撑不足是制约数字经济发展的重要因素，技术与人才是数字化转型的关键。当前，教育部对普通本科层次人才培养的专业简介尚未更新，但从其 2022 年 9 月 5 日发布的《职业教育专业简介（2022 年修订）》可以看到国家对数字化人才培养的导向：针对财经商贸类专科层次的资产评估与管理专业、政府采购管理专业、大数据与财务管理专业、大数据与会计专业、大数据与审计专业、会计信息管理专业新增开设"大数据技术应用基础"课程作为专业基础课，针对职业本科层次的大数据与财务管理专业、大数据与审计专业分别新增开设"数据库基础"和"大数据技术应用基础"课程作为专业基础课。

在行业方面，信息技术的快速发展已经打破了传统的行业界限，大数据、云计算、区块链、人工智能等新兴数字技术加速向企业财务渗透。以技术转型为支撑的企业财务管理新趋势已对财务人员的能力提出了更高的要求，会计行业专业人才除了要具备基本的会计职业素养、扎实的会计专业技能，还需要具备优良的数字素养。

【本书内容】

基于新时代人才培养的要求，编者通过大量的企业调研和教学实践研究，编写了这本专门为财经类专业学生量身定做的大数据技术入门教材。其中，项目二至项目五设计有"来自企业的技能任务"栏目，通过"大数据在企业薪资管理中的应用"场景引导学生完成"学知识技能"任务，通过"大数据在量化投资管理中的应用"场景引导学生完成"练知识技能"任务，通过"大数据在固定资产管理中的应用"场景引导学生完成"固知识技能"任务，从而帮助他们全面、扎实地掌握大数据技术在企业财务工作中的应用。全书共设计了以下 5 个项目。

项目一从宏观角度全面介绍大数据技术，包括大数据、数字经济、数据库、数据采集和数据可视化的理论知识，引导学生了解大数据有关的术语和相关技术。

项目二详细介绍财务工作场景中应当掌握的数据库基础操作，包括数据库的创建、修改、删除，数据表的创建、修改、删除，数据的录入、修改、删除，数据的简单查询，等等。

项目三着重讲述财务工作场景中应当掌握的数据库高级操作，包括数据排序，聚合函数和嵌套数据查询，多表数据查询，分组数据查询，数据库的视图、索引，数据库编程和数据库安全管理，等等。

项目四主要介绍使用编程语言抓取数据并存储数据的操作，包括通过应用程序接口抓取上市企业数据、使用网络爬虫工具抓取上市企业数据，以及将数据存入数据库或保存为其他格式文件等。

项目五主要介绍使用编程语言从数据库或者其他格式文件中读取数据进行可视化展示的操作，包括从列表读取数据进行可视化、从文件读取数据进行可视化，以及从数据库读取数据进行可视化等。

【本书特色】

（1）薪资管理、量化投资、固定资产管理是常见的财务工作场景，本书紧扣这些工作场景中遇到的财务数据处理问题，培养学生在实务工作中高效解决问题的能力，进一步提升学生的岗位胜任力。

（2）本书不仅涵盖财经类专业学生需要掌握的数据库编程知识（项目二、三），还包括使用特定编程语言完成数据抓取（项目四）和数据可视化（项目五）的相关内容，通过财务工作场景"财务指标下载到数据库和从数据库中读取财务指标"引导学生使用 Python 完成数据库的写入和读出操作，使抽象的大数据技术在财经行业的应用变得形象、具体。

（3）本书每个任务均设置"德技兼修"栏目，通过大富学长和小强学弟的对话，将专业知识学习和思想价值引领有机融合，引导学生认真学习专业知识技能，热爱祖国，勇于担负起时代赋予的伟大使命，树立为中华民族伟大复兴而努力的志向。

（4）本书的所有操作既可以在 MySQL 数据库和 Python 编译环境下运行，也可以在厦门网中网软件有限公司开发的大数据技术应用基础教学平台中完成。

（5）本书配套丰富的教学资源，包括微课视频、教学课件、教学大纲、教案、课程计划、习题答案等。此外，每个任务都有配套的动画资源，学生扫描二维码即可观看。

（6）为方便开展线上线下混合教学，本书配套在线课程资源，教师和学生在正保云课堂、智慧职教和学银在线网站上搜索课程名"大数据技术应用基础"均可获取。

【使用建议】

本书可以作为高等院校财经类专业学生"大数据技术应用基础""大数据基础""数据库基础"课程的教材。对于因课时限制只能开设一门大数据技术课程的院校来说，本书详细介绍数据库和 Python 的核心知识，并且提供配套的教学资源，可以很好地解决教学中的实际问题。

本书由周若谷、苏飏、吕岩荣担任主编，王琰、徐沉、汤玉梅、刘天和、徐博洋、马靖杰担任副主编。厦门网中网软件有限公司为本书编写提供了强大的技术支持。

由于编者水平有限，书中难免存在疏漏，恳请广大读者批评指正。

编者

2023 年 1 月于长沙谷山

目 录

项目一

大数据初识

20世纪60年代，半导体、集成电路和计算机的发展加速了信息时代的来临，网络通信、自动化系统和互联网技术得到了大规模普及，消费者、生产者及信息提供者的距离进一步拉近，人类社会进入"信息时代"。

当下，我们正在经历以人工智能、物联网、区块链、生命科学、量子物理、新能源、新材料、虚拟现实等一系列创新技术引领的"智能时代"。

大数据是智能时代最为热门的技术名词和概念之一，从其诞生之日起就得到哲学家、科学家、技术研究者的普遍关注。本项目主要介绍数据、信息、知识、大数据等相关概念，以及大数据和数字经济的特征、技术发展情况等内容，并对数据库、数据采集和数据可视化的基础理论进行详细阐述，助力财务从业人员构建大数据思维。

任务一　从数据到大数据

动画 1.1

学习目标

【知识目标】掌握数据、信息、知识、大数据等基本概念，了解大数据的特征、大数据思维、大数据技术面临的挑战及大数据关键技术分类的相关内容。

【技能目标】能区分信息技术的7个发展阶段和大数据的4个特征，能构建大数据思维，能区分大数据关键技术的类别。

【素质目标】树立崇高的理想，自强不息，守正创新，为把我国建设成为综合国力和国际影响力领先的社会主义现代化强国贡献自己的力量。

德技兼修

××商务学院是一所专门培养商科人才的高等院校。为了实现教学和行业应用的深度结合，学校实行企业导师制度。

小强是学院大二的学生，他所在班级的企业导师是20多年前从本校毕业的大富学长。大富从母校毕业后不断努力拼搏，获得博士学位，目前在一家上市企业做财务总监。大富心系母校，兼职学校的企业导师，助力技能人才培养，为学院发展做出了贡献。

今天是开学第一天，大富学长与同学们亲切地交流。

大富学长：技术的进步可以为产业与社会带来深远的变革，重构我们的商业模式、经济结构、文化生活及政治格局，我们称之为"工业革命"。当前，我们有幸处于第四次工业革命的浪潮中。尽管我国历史上有著名的"四大发明"，但在近代并非科技强国。在信息时代，部分中国企业在科技商业模式创新上成为世界的"领军者"。党的二十大报告指出：我国将继续加强基础研究，突出原创，鼓励自由探索；提升科技投入效能，深化财政科技经费分配使用机制改革，激发创新活力。

小强和同学们满怀信心地憧憬未来。

小强：第四次工业革命中的新兴技术提高了经济社会的生产效率，改变了人们的生活方式，并为一些重大的社会问题带来了新的解决方案。大富学长，我们一定会将财务知识和大数据、人工智能技术紧密结合，成为精通大数据技术和财务知识的创新型复合人才。

学知识技能

一、数据、信息与知识

数据是指描述事物的符号记录，是构成信息和知识的原始材料，如图形、声音、文字、数字、字母和符号等。信息一般指数据所包含的意义。知识是指人们在社会实践中所获得的认识和经验的总和。数据、信息和知识的关系可以描述为：数据是信息的载体，信息是知识的载体，知识可以从数据中发掘出来，即可以从数据（库）中识别出有效、新颖、潜在有用的以及最终可理解的模式，将底层数据转换为高层知识。

二、信息技术的发展历程

信息技术的发展历程包括 7 个阶段。

（1）第一次信息技术革命的标志是语言的产生。那个时代的交流主要通过声波进行，语言让信息可以被分享。

（2）第二次信息技术革命的标志是文字的出现。不管是象形文字还是结绳记事，都使信息可以得到保护和共享。

（3）第三次信息技术革命的标志是印刷术的出现。印刷术的应用使传递的信息量和范围变得更大。

（4）第四次信息技术革命的标志是无线电的发明。无线电技术提高了信息传递的速度，扩大了信息传递的范围。

（5）第五次信息技术革命的标志是电视的出现。电视使得信息表现的内容更为丰富，人们不仅可以听到声音，而且可以看到影像。

（6）第六次信息技术革命的标志是计算机和互联网的出现。从此，人类彻底进入了信息共享的时代。

（7）第七次信息技术革命非常重大的转折是人类社会从信息传输时代发展到智能时代。产生的智能互联网，是由移动互联、智能感应、大数据技术共同形成的新的技术应用。

三、大数据

中国科学院院士梅宏教授在《大数据导论》一书中提到，所谓"大数据"，就是指数据大到无法通过现有手段在合理时间内截取、管理、处理并整理成为人类能解读的信息；在维克托·迈尔-舍恩伯格的《大数据时代》一书中，大数据是把数学算法运用到海量的数据上来做出分析，并对事情发生的可能性做出洞察的一种技术。大数据带来的挑战包括获取、存储、搜索、共享、分析和可视化等方面的挑战。

我们认为大数据是指通过新的处理模式，能够提供更强的决策力、洞察力和流程优化能力的海量、高增长率、多样化的信息。大数据的本质是时间与空间维度下的人与物、人与人、物与物之间复杂的关联关系，利用大数据，可还原事物原貌、探究规律机理、预判发展变化。网络产生的数据是非常繁杂的，利用数据找规律、看变化，就是大数据技术在本质上要做的工作。

四、大数据的特征

一般认为，大数据主要具有以下 4 个典型特征，即大量性（Volume）、多样性（Variety）、高速性（Velocity）和价值性（Value），即所谓的"4V"，具体如图 1.1.1 所示。

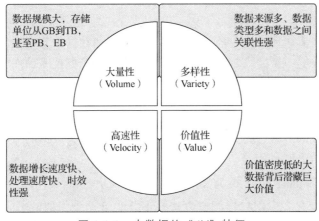

图 1.1.1　大数据的"4V"特征

（一）大量性

大数据的特征首先就是数据规模大。随着互联网、物联网、移动互联技术的发展，人和事物的所有轨迹都可以被记录下来，数据呈现出爆发式增长。数字信息已经渗透到我们生活和社会的方方面面，信息量的增长势不可当。

（二）多样性

大数据的多样性主要体现在数据来源多、数据类型多和数据之间关联性强这 3 个方面。

1. 数据来源多

之前企业所面对的传统数据主要是交易数据，而互联网和物联网的发展，带来了诸如社交网络、传感器等多种来源的数据。

2. 数据类型多

在大数据时代，数据格式变得越来越多样，有 70%～85%的数据以图片、音频、视频、网络日志、链接信息等半结构化数据和非结构化数据形式存储，且以非结构化数据为主；而在传统的企业中，数据主要是表格形式的结构化数据。当前的数据大致可分成以下 3 类。

（1）结构化数据，如财务系统数据、信息管理系统数据、医疗系统数据等，其特点是数据间因果关系强。

（2）半结构化数据，如 HTML（Hypertext Markup Language，超文本标记语言）文档、邮件、网页等，其特点是数据间的因果关系弱。

（3）非结构化数据，如视频、图片、音频等，其特点是数据间没有因果关系。

3. 数据之间关联性强

例如，游客在旅途中上传的照片和日志，就与游客的位置、行程等信息有很强的关联性。

（三）高速性

高速性指数据增长速度快、处理速度快、时效性强，这是大数据区别于传统数据非常显著的特征。比如，搜索引擎要求几分钟前的新闻能够被用户查询到，购物网站要求个性化推荐算法应尽快实时完成推荐等。

（四）价值性

尽管我们拥有大数据，但是能发挥价值的仅是其中非常小的一部分。价值密度低的大数据背后潜藏巨大的价值。

大数据真正的价值体现在从大量不相关的各种类型的数据中，挖掘出对未来趋势与模式预测分析有价值的数据，通过机器学习、人工智能或数据挖掘技术深度分析，并将分析结论运用于农业、金融、医疗等各个领域，以创造更大的价值。

五、大数据思维

在学习大数据技术之前我们要先建立大数据思维，明白大数据的"大"不仅仅是数据量大，更重要的是它的价值大。

（一）全样而非抽样的思维方式

在小数据时代，大多采用抽样调查方式，但是也会用到将所有数据作为样本的调查方式。比如，人口普查是指在国家统一规定的时间内，按照统一的方法、统一的项目、统一的调查表和统一的标准时点，对全国人口普遍地、逐户逐人地进行的一次性调查登记。人口普查是一种典型的全数据模式。而各国每年进行的几百次小规模人口调查，通常选择随机采样分析的方式，这是一种样本模式。

在大数据时代，我们用什么方式进行数据分析调查呢？由于我们已具备了大数据的各种技术能力，因此思维需要转换到大数据的全数据模式，即对所有数据进行分析。

（二）效率而非精确的思维方式

根据大数据分析得出的结果，可能并不精确，但它往往能够反映一个趋势。企业做预算时不一定要精确到每一分钱，重要的是快速得出一个区间。比如，市场部估计销售额在什么样的一个体量区间内，如果要精确地描述这个区间的话，整个决策链就会变得很长，决策可能会跟不上市场的变化。

（三）相关而非因果的思维方式

舍恩伯格教授在《大数据时代》一书中是这样解释的：大数据的分析都使用相关关系，而不强调因果关系；其实这是一种对无法探究因果的妥协。

在小数据、信息缺乏的时代，数据都是被设定成具有因果关系的，一个数据必然会影响一个结果。因果关系强调原因与结果相关关系的核心是量化两个数据值之间的数理关系,相关关系指当一个数据值增加时,另一个数据值很有可能也会随之增加。如美国西部地区出现飓风时,沃尔玛的防护工具会销售得非常好,而蛋挞销量也会随之增加。可以将因为有飓风,所以防护工具销售得特别好,理解为数据的因果关系;而蛋挞也销售得好,体现的是数据的相关关系。

六、大数据技术面临的挑战

当前大数据技术面临的挑战包括以下 4 个方面。

(一)对数据库管理技术的挑战

传统的数据库不能处理 TB 级别的数据,也不能很好地支持高级别的数据分析。急速膨胀的数据体量即将超越传统数据库的管理能力。如何构建全球级的分布式数据库(Globally-Distributed Database),从而通过数百万台机器、数以百计的数据中心处理上万亿条数据,是数据库管理技术的难点。

(二)对传统数据库技术的挑战

传统的数据库技术在处理数据、分析数据、挖掘数据价值时面向的是结构化数据,如商品的属性、财务报表的属性等。传统数据库技术使用的 SQL 结构化数据查询语言,在设计时就没有考虑非结构化数据,而大数据背景下,大部分的数据是非结构化的,因此对非结构化数据进行处理是当前大数据技术面临的挑战之一。

(三)对实时性技术的挑战

一般而言,数据仓库系统、BI(Business Intelligence,商务智能)应用,对处理时间的要求并不高,因此这类应用如果运行一两天得到结果依然可以接受。而在大数据时代,要快速从海量数据中挖掘出数据的价值,实时性处理技术必然面临挑战。

(四)对网络架构、数据中心、数据运维的挑战

传统的数据存储模式是服务器结合硬盘,单台服务器对数据的存储、对硬盘的支持是有限的。大数据时代,数据每天以指数级的速度增长且无上限,这种状况下存储数据,对整个网络架构、数据中心以及数据运维将提出更多的挑战。

七、大数据关键技术分类

大数据的关键技术通常被分为 3 个层次,分别是数据的采集与预处理、数据的存储与管理、数据的计算与处理,而数据统计分析、数据挖掘、数据可视化均属于大数据的计算与处理范畴。

(一)数据采集技术

数据采集就是把不同的数据汇聚到一起,形成统一的数据资源池。不同类型的数据有不同的采集方式,数据采集是多种技术和手段的组合。

1. 数据库数据采集

数据库采集到的数据都是结构化数据,它使用的采集技术主要是 ETL。ETL 技术包括 3 个过程,分别是 Extraction(抽取)、Transformation(转换)、Loading(加载)。从不同数据源抽取数据即 Extraction,按照一定的数据处理规则对数据进行加工和格式转换即 Trasformation,

最后将处理完成的数据输出到目标数据表中即 Loading。

2．文本数据采集

文本数据采集是指从 TXT 文档、XML 文档、Office 文档或者 PDF 文档中采集数据，并将其以结构化数据形式存储。文本数据一般通过软件厂商提供的标准接入方式采集。

3．实时流数据采集

流数据是指由数千个数据源持续生成的数据，通常同时以数据记录的形式发送，规模较小（约几千字节）。流数据包括多种数据，如客户使用移动 App 生成的日志文件、网购数据、游戏玩家数据、社交网站数据、金融交易或地理空间服务产生的数据，以及来自数据中心内所连接设备或仪器的遥测数据等。怎么去采集实时流数据，怎么把这些数据传送到数据中心进行存储，是数据采集技术需要解决的问题。

4．多媒体数据采集

如何采集图片、影像这些多媒体数据也是数据采集技术需要解决的问题。

（二）数据预处理技术

在对采集到的数据进行存储之前，需要对数据进行预处理，即将分散的、多样的数据进行规则化和标准化，使其在经过清洗、集成和关联等各种手段后，形成能用于分析的数据。这些数据才是真正要存储的数据资产，它们应具有如下特性。

（1）数据有"血缘关系"，能够溯源。

（2）数据标准化。所有不同来源的数据，能够按照业务需求的标准处理好。

（3）目录化。存储起来的数据能形成一个标准的目录，使得数据检索更为方便。

（4）可以进行数据分析。

（5）能够提供数据应用，即数据资产能够被利用。

（三）数据存储技术

对数据完成预处理后，就可以进行存储。数据存储分为以下 5 个类别。

1．传统关系数据库存储

传统关系数据库主要用来存储有限大小的、结构化的数据，一般用于业务系统，辅助完成实际业务运转。存储数据的常用关系数据库有两个。第一个是商用数据库 Oracle，它的功能非常强大，在市场上占比较高。第二个是开源、免费数据库 MySQL，在互联网行业用得非常多，其特点是数据量相对较小，安全性和稳定性比较强，运行速度也比较快。

2．海量大数据存储

传统关系数据库是基于行模式来存储数据，而基于列模式的列族数据库主要用来存储数据量较大、数据增长速度快的海量大数据，如传感数据。传感数据是结构化的，但是它增长得非常快，假设每 6 秒传感一次，100 万个传感器 1 分钟就会产生 1 000 万条数据。在这样的数据量下，传统数据库明显满足不了需求，这个时候就需要用列族数据库来完成数据存储。列族数据库的技术选型如 HBase，它运行在 Hadoop 上，适用于大量数据的写入，可将数据按列存储，如果只访问查询涉及的列，速度会非常快。

3．海量大文件存储

海量大文件的大小通常为百 MB、GB 级，适用于视频网站等应用。对于这种大文件的存储，一般采用分布式文件系统，如 HDFS（Hadoop Distributed File System，Hadoop 分布式文件系统）。HDFS 的特点是可以运行在"廉价"的商用机器集群上，有多个副本，采用切分方式存储。海量大文件存储方案的重点是"廉价"两个字，要求便宜、性价比高。

4. 海量小数据存储

海量小数据存储适合对海量小文件（包括一些图片）进行管理，包括文件的存储、同步、上传、下载。技术选型有 FastDFS，它的特点是不对文件进行切分存储，适合对小文件进行存储，支持线性扩容。

5. 非关系数据库存储

NoSQL（Not Only SQL），意为"不仅仅是 SQL"。非结构化数据通常以对象的形式存储在非关系数据库中，它们之间的关系通过对象自身的属性来决定。

非关系数据库存储数据的格式可以是键值对（Key-Value）形式、文档形式、图片形式等。非关系数据库使用灵活，应用场景广泛，典型技术选型有 MongoDB。MongoDB 是介于关系数据库和非关系数据库之间的产品，它的功能非常强大，支持结构化查询语言，应用广泛。Membase 也是 NoSQL 家族的一个重量级成员。Membase 是开源项目，源代码采用了 Apache 2.0 的使用许可，容易安装、操作，可以从单节点方便地扩展到集群，在应用方面为开发者和经营者提供了一个较低的门槛。

（四）数据管理技术

将数据存储后就需要对数据进行管理。数据管理跟组织的需求和目标有关。任何一个组织拿到海量的数据，根据需求和目标把数据抽象成组织、架构、流程和规范 4 个方面的数据，用这 4 个方面的数据指导组织进行质量管理、主数据管理、标准管理和安全管理。数据管理的目标是让数据满足如下要求。

第一，数据的正确性。这里指的是保证数据真实、完备。

第二，数据的高可用性。每一个数据块要有多个在不同机器上的备份，且有灾备应急预案，避免单节点的故障导致整个应用或服务发生故障。

第三，数据的关联性。多点数据组合到一起才能构成一个完整的、可评估的模型。孤立数据可能没有意义，但关联到一起可能产生巨大的价值。

第四，数据的标准性。数据如果没有标准就很难统一利用和分析。算法是建立在数据标准性基础上的，数据标准性是保证分析算法和挖掘算法顺利执行的基本条件。

第五，数据的开放性与安全性。开放性指脱敏后的数据都能共享。安全性是针对非共享数据而言的，这些数据不能被外部渠道获取。即使是对外共享的数据，也要能对其进行权限控制。

（五）数据统计分析技术

数据统计分析可以采用 R 语言实现。R 语言是用于统计分析、绘图的语言，也是免费、源代码开放的语言。它提供了一系列统计工具，能够支持大量的数学运算和统计运算函数，并且能够创造出符合要求的新的统计计算方法。R 语言擅长对 HDFS 中存储的非结构化数据进行分析，也擅长在 HBase 这种非关系数据库中进行分析。

（六）数据挖掘技术

数据挖掘（Data Mining）是指从大量的、不完全的、有噪声的、模糊的、随机的数据中提取隐含在其中的、人们事先不知道的，但潜在有用的信息和知识的过程。数据挖掘过程包括以下 5 个步骤。

（1）确定数据挖掘对象。根据信息存储格式，用于挖掘的对象有关系数据库、面向对象数据库、数据仓库、文本数据源、多媒体数据库、空间数据库、时态数据库、异质数据库及互联网等。

（2）定义问题，即根据业务问题确定挖掘目的。

（3）进行数据准备，如数据预处理、数据再加工等。

（4）数据挖掘，即根据数据功能的类型和数据的特点选择相应的算法（如神经网络算法、遗传算法、决策树法等），从清洗和转换过的数据集中提取隐藏于其中的信息。

（5）结果分析，即对数据挖掘的结果进行解释和评价，将其转换成能够被用户理解的知识。

（七）数据可视化技术

数据可视化是指将大型数据集中的数据以图形、图像形式表示，并利用数据分析和开发工具发现其中未知信息的处理过程。数据可视化与信息图形、信息可视化、科学可视化以及统计图形密切相关。当前，在研究、教学和开发领域，数据可视化是一个极为活跃且关键的方向。

固知识技能

一、填空题

1. 20 世纪 60 年代，半导体、集成电路和计算机的发展加速了信息时代的来临，网络通信、自动化系统以及互联网得到了大规模普及，人类社会进入了_____时代；我们当下正在经历的第四次工业革命是指以人工智能、物联网、区块链、生命科学、量子物理、新能源、新材料、虚拟现实等一系列创新技术引领的范式变革，我们进入_____时代。

2. 信息技术的发展经历了_____个阶段：第一次信息技术革命的标志是_____的产生；第二次信息技术革命的标志是_____的出现；第三次信息技术革命的标志是_____的出现；第四次信息技术革命的标志是_____的发明；第五次信息技术革命的标志是_____的出现；第六次信息技术革命的标志是_____的出现；第七次信息技术革命非常重大的转折是人类社会从信息传输时代发展到智能化时代，产生了_____。

3. 大数据主要具有以下 4 个典型特征，即_____、_____、_____和_____。

4. 数据采集技术主要包括_____、_____、_____、_____4 种。

二、简答题

1. 简述数据、信息和知识的关系。
2. 简述大数据的概念及大数据的特征。
3. 简述大数据思维的 3 种思维方式。
4. 简述当前大数据技术面临的挑战。
5. 简述大数据的关键技术分为几个层次，分别是什么。

任务二　大数据与数字经济

动画 1.2

学习目标

【知识目标】理解数字经济的概念、主要载体、关键要素，了解数字经济的基本特征和建设方向。

【技能目标】能区分信息化 1.0、2.0、3.0 时代的阶段特征。

【素质目标】坚持两点论和重点论的统一，看问题、办事情既要全面，又要善于抓重点，还要客观、正确地对待。

德技兼修

小强：学了大数据技术以后发现，我们在大数据技术方面还是有短板的。

大富学长：是的。虽然近年来我国在大数据技术应用领域取得较大进展，但是在基础理论、核心器件和算法、软件等层面，与技术发达国家仍然存在差距。在大数据管理、处理系统与工具方面，我们主要依赖国外开源社区的开源软件，对大数据技术生态缺乏自主可控能力。这成为制约我国大数据产业发展和国际化运营的隐患。软件开源和硬件开放如今已成为不可逆的趋势，掌控开源生态已成为国际产业竞争的焦点。一方面，企业要积极"参与融入"国际成熟的开源社区，争取话语权；另一方面，也要在建设基于中文的开源社区方面加大投入，汇聚软硬件资源和开源人才，打造自主可控的开源生态，在学习实践中逐渐成长壮大。只有牵住数字关键核心技术自主创新这个"牛鼻子"，才能把发展数字经济的自主权牢牢掌握在自己手中。

学知识技能

一、数字经济的催生

每一次经济形态的重大变革都依赖于新的生产要素。劳动力和土地是农业经济时代主要的生产要素，资本和技术是工业经济时代重要的生产要素，进入数字经济时代，数据正逐渐成为驱动经济社会发展的新生产要素。

大数据是信息技术发展的必然产物。信息化经历了 3 次高速发展浪潮，第一次是始于 20世纪 80 年代，由个人计算机大规模普及应用所带来的以单机应用为主要特征的数字化（信息化 1.0）。第二次是始于 20 世纪 90 年代中期，由互联网大规模商用进程所推动的以联网应用为主要特征的网络化（信息化 2.0）。当前，我们正进入以数据的深度挖掘和融合应用为主要特征的智能化（信息化 3.0）阶段。在"人、机、物"三元融合的大背景下，以"万物均需互联、一切皆可编程"为目标，数字化、网络化和智能化呈融合发展新态势。信息化新阶段开启的一个重要表征是信息技术开始从助力社会经济发展的辅助工具向引领社会经济发展的核心引擎转变，进而催生一种新的经济范式——"数字经济"。

作为经济学概念的数字经济，是指人类通过对大数据的识别、选择、过滤、存储、使用，引导、实现资源的快速优化配置与再生，实现经济高质量发展的经济形态。数字经济，作为一个内涵比较宽泛的概念，凡是直接或间接利用数据来引导资源发挥作用，推动生产力发展的经济形态都可以纳入其范畴。在技术层面，数字经济包括大数据、云计算、物联网、区块链、人工智能、5G 通信等新兴技术。在应用层面，新零售、新制造等都是其典型代表。

数字经济是继农业经济、工业经济之后的主要经济形态，是以数据资源为关键要素，以现代信息网络为主要载体，以信息通信技术融合应用、全要素数字化转型为重要推动力，促进公平与效率更加统一的新经济形态。数字经济的发展速度快、辐射范围广、影响程度深，正推动生产方式、生活方式和治理方式深刻变革，成为重组全球要素资源、重塑全球经济结构、改变全球竞争格局的关键力量。

二、数字经济的基本特征

数字经济受到三大定律的支配。第一个定律是梅特卡夫法则：网络的价值等于其节点数的平方。所以，网络上联网的计算机越多，每台计算机的价值就越大，“价值”以指数关系不断变大。第二个定律是摩尔定律：计算机硅芯片的处理能力每 18 个月就翻一番，而价格减半。第三个定律是达维多定律：进入市场的第一代产品能够自动获得 50% 的市场份额，所以任何企业在其所在产业中必须第一个淘汰自己的产品。实际上，达维多定律体现的是网络经济中的马太效应。这三大定律决定了数字经济具有以下基本特征。

（一）快捷性

互联网突破了传统的国家、地区界限，将网络连为一体，使整个世界紧密联系起来，把地球变为一个“地球村”。它突破了时间的约束，使人们的信息传输、经济往来可以在更小的时间跨度上进行。所以，数字经济是一种速度型经济。现代信息网络可以光速传输信息，数字经济以接近于实时的速度收集、处理和应用信息。

（二）高渗透性

迅速发展的信息技术、网络技术，具有极佳的渗透性功能，使得信息服务业迅速向第一产业、第二产业、第三产业扩张，使三大产业之间的界限模糊，出现了第一产业、第二产业和第三产业相互融合的趋势。

（三）自我膨胀性

数字经济的价值等于网络节点数的平方，网络产生和带来的效益将随着网络用户的增加而呈指数级增长。在数字经济中，由于人们的心理反应和行为惯性，在一定条件下，优势或劣势一旦出现并达到一定程度，就会不断自行强化，出现“强者更强，弱者更弱”的“赢家通吃”的垄断局面。

（四）边际收益递增性

边际收益递增是指在知识依赖型经济中，随着知识与技术要素投入的增加，生产者的收益明显呈递增趋势。这一规律在经济学中有着重要作用，可用于指导企业经营行为。边际收益递增性在数字经济中主要表现为：数字经济边际成本递减；数字经济具有累积增值性。

（五）外部经济性

每个用户使用某产品时得到的效用与用户的总数量有关，用户人数越多，每个用户得到的效用就越高。

（六）可持续性

数字经济在很大程度上能有效杜绝传统工业生产对有形资源、能源的过度消耗，以及造成的环境污染、生态恶化等危害，实现了社会经济的可持续发展。

（七）直接性

随着网络技术的发展，经济组织结构趋向扁平化，处于网络端点的生产者与消费者可直接联系，降低了中间商存在的必要性，从而显著降低了交易成本，提高了经济效益。

三、数字经济的建设方向

（一）加强关键核心技术攻关

要牵住数字关键核心技术自主创新这个"牛鼻子"，发挥我国社会主义制度优势、新型举国体制优势、超大规模市场优势，提高数字技术基础研发能力，打好关键核心技术攻坚战，尽快实现高水平自立自强，把发展数字经济自主权牢牢掌握在自己手中。

（二）加快新型基础设施建设

要加强战略布局，加快建设以 5G 网络、全国一体化数据中心体系、国家产业互联网等为抓手的高速泛在、天地一体、云网融合、智能敏捷、绿色低碳、安全可控的智能化综合性数字信息基础设施，打通经济社会发展的信息"大动脉"。要全面推进产业化、规模化应用，培育具有国际影响力的大型软件企业，重点突破关键软件，推动软件产业做大做强，提升关键软件技术创新和供给能力。

（三）推动数字经济和实体经济融合发展

要把握数字化、网络化、智能化方向，推动制造业、服务业、农业等产业数字化，利用互联网新技术对传统产业进行全方位、全链条的改造，提高全要素生产率，发挥数字技术对经济发展的放大、叠加、倍增作用。要推动互联网、大数据、人工智能同产业深度融合，加快培育一批"专精特新"企业和制造业单项冠军企业。当然，要脚踏实地、因企制宜，不能为数字化而数字化。

（四）推进重点领域数字产业发展

要聚焦战略前沿和制高点领域，立足重大技术突破和重大发展需求，增强产业链关键环节竞争力，完善重点产业供应链体系，加速产品和服务迭代。要聚焦集成电路、新型显示、通信设备、智能硬件等重点领域，加快锻造长板、补齐短板，培育一批具有国际竞争力的大企业和具有产业链控制力的生态主导型企业，构建自主可控产业生态。要促进集群化发展，打造世界级数字产业集群。

（五）规范数字经济发展

推动数字经济健康发展，要坚持促进发展和监管规范两手抓、两手都要硬，在发展中规范、在规范中发展。要健全市场准入制度、公平竞争审查制度、公平竞争监管制度，建立全方位、多层次、立体化监管体系，实现事前事中事后全链条、全领域监管，堵塞监管漏洞，提高监管效能。要纠正和规范发展过程中损害群众利益、妨碍公平竞争的行为和做法，防止平台垄断和资本无序扩张，依法查处垄断和不正当竞争行为。要保护平台从业人员和消费者合法权益，还要加强税收监管和税务稽查。

（六）完善数字经济治理体系

要健全法律法规和政策制度，完善体制机制，提高我国数字经济治理体系和治理能力现代化水平。要完善主管部门、监管机构职责，分工合作、相互配合。要改进、提高监管技术和手段，把监管和治理贯穿创新、生产、经营、投资全过程。要明确平台企业主体责任和义务，建设行业自律机制。要开展社会监督、媒体监督、公众监督，形成监督合力。要完善国家安全制度体系，重点加强数字经济安全风险预警、防控机制和能力建设，实现核心技术、重要产业、关键设施、战略资源、重大科技、头部企业等安全可控。要加强数字经济发展的理论研究。

（七）积极参与数字经济国际合作

要密切观察，主动参与国际组织数字经济议题谈判，开展多边数字治理合作，维护和完善多边数字经济治理机制，及时提出中国方案，发出中国声音。

固知识技能

一、填空题

1. 进入数字经济时代，_____正逐渐成为驱动经济社会发展的新生产要素。

2. _____是信息技术发展的必然产物。当前，我们正进入以数据的深度挖掘和融合应用为主要特征的_____（信息化 3.0）阶段。

3. 由于网络技术的发展，经济组织结构趋向扁平化，处于网络端点的生产者与消费者可直接联系，降低了中间商存在的必要性，从而显著降低了交易成本，提高了经济效益，这指的是数字经济的_____特征。

二、简答题

1. 简述信息化经历的 3 次高速发展浪潮。
2. 简述数字经济的 7 个基本特征。
3. 简述数字经济的建设方向。

任务三　数据库基础

学习目标

【知识目标】了解数据管理的 3 个阶段和数据库管理系统的发展历史，掌握数据库设计的 6 个环节、SQL 的优点及分类、SQL 语句的基本书写与命名规则。

【技能目标】能区分数据管理的 3 个阶段、数据库设计的 6 个环节、SQL 语句的 3 个分类，能正确编写 SQL 语句。

【素质目标】培养家国情怀，紧跟时代步伐，顺应实践发展，树立为中华民族伟大复兴而努力的志向。

动画 1.3

德技兼修

小强：数据库技术起源于 20 世纪 60 年代，是计算机科学中的一个重要分支。1961 年，通用电气公司研发的 IDS 成为世界上第一个 NDBMS（网状数据库管理系统），也是第一个数据库管理系统。此后，IBM 公司与霍尼韦尔公司先后推出了 IMS（第一个层次数据库管理系统）与 MRDS（第一个商用关系数据库系统）。随着数据库技术和理论的不断创新发展，先后涌现了大量的新型数据库系统，如 Oracle、MySQL、Microsoft SQL Server、PostgreSQL、DB2 等。

大富学长：在 2017 年高德纳发布的数据库系列报告中，我们首次看到了国产数据库的身影，阿里巴巴 AsparaDB、南大通用 GBase、SequoiaDB 入选，2018 年华为云等紧跟着入榜。面对这些成绩，我们仍然要认识到，国产数据库的商业化之路任重而道远。你们这一代大学生应该认识到，科学技术是第一生产力。如果科技受制于人，则处处受制于人。当前国产数据库发展面临的困境主要在于人才缺乏和产业生态尚未形成。你们一定要有家国情怀，努力学习科学知识，掌握技术要领，在国家需要的领域、薄弱的环节寻求突破。

学知识技能

财务人员每天都要接触大量的数据，大量杂乱无章的数据需要整理成有用的信息，才能助力管理者做出决策。这就需要数据库技术来协同处理。如果没有数据库的支持，财务人员每天需要花费大量时间手动整理这些杂乱的数据，其效率是非常低的。而数据库的运用，使财务人员整理数据的工作变得更加轻松、更有效率。

数据就是描述事物的基本符号。在现实生活中，任何可以用来描述事物属性的数字、文字、图像、声音等，都可以看作数据。数据库（Database）是存放数据的仓库，数据库中的数据是按照一定的格式存放的。用来管理数据库的计算机系统称为数据库管理系统（Database Management System，DBMS）。系统的使用者通常无法直接接触到数据库，因此，在使用系统的时候往往意识不到数据库的存在。其实大到银行账户的管理，小到手机的电话簿，甚至可以说社会的所有系统中，都有数据库的身影。

一、数据管理的 3 个阶段

数据管理技术的发展与硬件、软件、计算机应用的发展有密切联系，数据管理大致经历了 3 个阶段：人工管理阶段、文件管理阶段和数据库系统阶段。

（一）人工管理阶段

20 世纪 50 年代中期以前，数据管理主要由人工完成。该阶段的计算机系统主要用于科学计算，没有专门的软件对数据进行管理。该阶段的数据是面向程序的，即一组数据对应一个应用程序，数据与程序之间没有独立性，如果数据集发生了变化，相关的应用程序也要修改。程序之间无法共享数据资源，存在大量重复数据。人工管理阶段程序与数据之间的关系如图 1.3.1 所示。

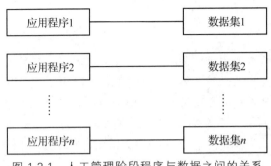

图 1.3.1　人工管理阶段程序与数据之间的关系

（二）文件管理阶段

20 世纪 50 年代后期到 20 世纪 60 年代中期，在硬件方面，外部存储器（简称外存）有了磁盘、磁鼓等直接存取数据的存储设备。在软件方面，操作系统中已经有了专门用于管理数据的软件，称为文件系统。此时，计算机系统通过文件系统软件统一管理数据，程序和数据是分离的。这个阶段数据管理的特点如下。

1. 数据需要长期保存在外存上供反复使用

由于计算机可用于数据处理，经常对文件进行数据查询、修改、插入和删除等操作，数据需要长期保留，以便于反复操作。

2. 程序和数据之间有了一定的独立性

操作系统提供了文件管理功能和文件数据的存取方法，程序和数据之间有了数据存取的接口，程序可以通过文件名和数据"打交道"，不必寻找数据的物理存放位置，至此，数据有了物理结构和逻辑结构，但此时程序和数据之间的独立性尚不充分。

3. 文件的形式已经多样化

由于已经有了直接存取数据的存储设备，文件的形式不再局限于顺序文件，还有了索引文件、链表文件等，对文件的访问可以是顺序访问，也可以是直接访问。

4. 数据的存取基本上以记录为单位

文件管理阶段程序与文件之间的关系如图 1.3.2 所示。

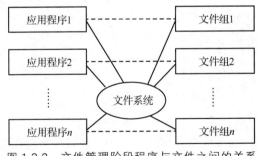

图 1.3.2　文件管理阶段程序与文件之间的关系

（三）数据库系统阶段

数据库系统阶段是从 20 世纪 60 年代后期开始的。在这一阶段，数据库中的数据不再是面向某个应用程序的，而是面向整个企业（组织）的。数据库系统阶段的特点如下。

1. 采用复杂的结构化的数据模型

数据库系统不仅要描述数据本身，还要描述数据之间的联系。该阶段出现的数据模型包括网状数据模型、层次数据模型、关系数据模型。

2. 较高的数据独立性

数据和程序彼此独立，数据存储结构的变化尽量不影响用户程序的使用。

3. 较低的冗余度

数据库系统中的重复数据被减少到较低程度，这样，在有限的存储空间内可以存放更多的数据并减少存取时间。

4. 具有数据控制功能

数据库系统具有数据的安全性，以防止数据丢失或被非法使用；具有数据的完整性，以保证数据的正确、有效和相容；具有数据的并发控制，避免并发程序之间相互干扰；具有数据的恢复功能，在数据库被破坏或数据不可靠时，有能力把数据库恢复到最近某个时刻的正确状态。

数据库系统阶段程序与数据库之间的关系如图 1.3.3 所示。

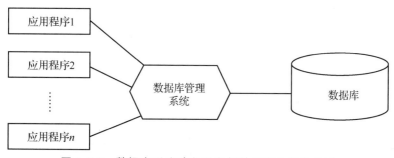

图 1.3.3　数据库系统阶段程序与数据库之间的关系

二、数据库管理系统的发展历史

数据库管理系统（Database Management System，DBMS）是一种操纵和管理数据库的大型软件，用于建立、使用和维护数据库。它的功能是伴随着数据库的应用而发展起来的。第一代系统的功能主要集中在数据的组织与存储上，这代数据库系统就是一种组织数据与存取数据的工具。第二代系统主要围绕 OLTP（Online Transaction Processing，联机事务处理）应用展开，除了存储技术，重点发展事务处理子系统、查询优化子系统、数据访问控制子系统。第三代系统主要围绕 OLAP（Online Analytical Processing，联机分析处理）应用展开，重点提出高效支持 OLAP 复杂查询的新的数据组织技术。第四代系统主要围绕大数据应用展开。

（一）第一代：层次数据库和网状数据库管理系统

层次数据库和网状数据库管理系统的代表产品是 IBM 公司在 1969 年研制出的层次模型数据库管理系统。层次数据库是数据库管理系统的先驱，其中的数据按照层次模型进行组织，如图 1.3.4 所示。网状数据库则是数据库概念、方法、技术的基石，其中的数据按照网状模型进行组织，如图 1.3.5 所示。

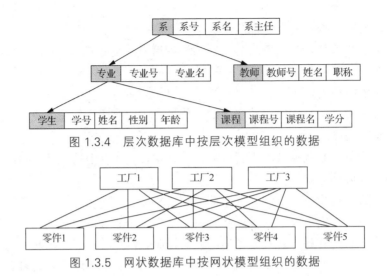

图 1.3.4　层次数据库中按层次模型组织的数据

图 1.3.5　网状数据库中按网状模型组织的数据

（二）第二代：关系数据库管理系统

　　1970 年，IBM 公司的研究员 E.F.科德在题为《大型共享数据库数据的关系模型》的论文中提出了数据库的关系模型，为关系数据库技术奠定了理论基础。到了 20 世纪 80 年代，几乎所有新开发的数据库系统都是关系型的。真正使得关系数据库技术实用化的关键人物是詹姆斯·格雷（James Gray），他在解决如何保障数据的完整性、安全性、并发性，以及实现数据库的故障恢复功能等重大技术问题方面发挥了关键作用。关系数据库系统的出现，促进了数据库的小型化和普及化，使得在微型机上配置数据库系统成为可能。关系数据库主要用于支撑各种业务系统，我们将这类应用称为 OLTP，即联机事务处理。

　　关系数据库的关系模型中的基本数据结构是二维数据表，如图 1.3.6 所示，且必须满足相应的要求。

主体，唯一识别一个员工的列							外键，其他表的主键	
enum	ename	education	birthday	sex	workyears	address	tel	dnum
1001	刘好	大专	1989-01-15	女	4	中山路10-3-105	13987657792	1
1002	张美玲	大专	1979-09-07	女	5	解放路34-1-203	13987657793	1
1003	欧兰	硕士	2000-12-06	女	1	荣湾镇路24-35	13987657794	1
2001	米强	大专	1986-01-16	男	7	荣湾镇路209-3	13987657795	2
2002	戴涛	大专	1979-02-10	男	8	长沙西路3-7-52	13987657796	2
3001	周四好	大专	1969-03-10	男	13	金星路120-4	13987657797	3
3002	段飞	博士	1982-04-08	男	11	金星路120-5	13987657798	3
4001	何晴	本科	1990-05-08	男	6	长沙西路3号13	13987657799	4
4002	赵远航	本科	1999-06-07	男	2	万一路3号114	13987657100	4
4003	李贞雅	本科	1990-07-09	女	6	遥临巷115号	13987657101	4	行
5001	李想	大专	1998-08-11	男	1	长沙西路3号186	13987657102	5
5002	贺永念	本科	1984-09-04	男	8	田家湾10号	13987657103	5
5003	唐卓康尔	硕士	1999-12-07	男	0	北京街10号	13987432145	(Null)

图 1.3.6　关系数据库中按关系模型组织的员工表数据

　　（1）表指的是关系模型中某一特定的方面或部分的对象及其属性。

　　（2）表中的行通常叫作记录或元组，代表具有相同属性的对象中的一个。

　　（3）表中的列通常叫作字段或属性，代表存储对象共有的属性。

　　（4）数据表之间的关联通过"键"来实现。键分为主键和外键两种。主键就是表中的一列或多个列的一组，其值能唯一地标识表中的每一行。外键是用于建立和加强两个表之间的连接的一列或多列，通过将原表中主键添加到第二个表中，可创建两个表之间的连接，原表中的主键就成为第二个表的外键。

（5）表必须符合以下特定条件。

① 信息原则，即每个单元只能存储一条数据。

② 列有唯一的名称，存储在列下的数据必须具有相同的数据类型，列没有顺序。

③ 每行数据是唯一的，行没有顺序。

④ 实体完整性原则，即主键不能为空。

⑤ 引用参照完整性原则，即外键的值必须来自主表主键列的值或者为空。

（三）第三代：数据仓库管理系统

这个阶段可以看成关系数据库的延伸。由于数据库技术的普及，越来越多的数据存储在数据库中，除了支持业务处理，还可进行数据分析，因此将这类应用称为 OLAP，即联机分析处理。第三代数据仓库管理系统可以用关系数据库实现，也可以用特别的数据模型实现。

（四）第四代：大数据管理系统

关系数据库成熟并广泛应用后，数据库研究和开发一度进入迷茫期。管理人员无法在一定时间内用常规软件工具对大量的数据进行获取、管理和处理，必然要研发新处理模式才能管理海量、高增长率、多样化的信息资产。大数据的核心是 Hadoop 生态系统。它是大量工具的集合，这些工具可以协同工作来完成特定的任务。可以认为 Hadoop 是一个数据管理系统，它将海量的结构化和非结构化数据聚集在一起，这些数据几乎涉及传统企业数据栈的每一个层次，其定位是在数据中心占据核心地位。也可以认为 Hadoop 是大规模并行执行框架，把超级计算机的能力带给大众，致力于加速企业级应用的执行。

三、数据库设计

数据库设计（Database Design）是指根据用户的需求，在某一具体的数据库管理系统上，设计数据库的结构和建立数据库。在企业管理数字化过程中，财务人员需要了解数据库设计的流程，以便更好地参与到企业管理数字化设计、数据库设计当中。数据库设计的环节包括需求分析、概念结构设计、逻辑结构设计、物理结构设计、数据库的实施以及数据库的运行和维护。

（一）需求分析环节

数据库设计人员调查和分析用户的业务活动和数据的使用情况，厘清所用数据的种类、取值范围、数量，以及它们在业务活动中交互的情况，确定用户对数据库系统的使用要求和各种约束条件等，形成用户需求规约。

（二）概念结构设计环节

1. E-R 图概述

数据库设计人员对用户描述的现实世界（对财务人员而言就是企业相关财务业务），建立抽象的概念模型。概念模型是在了解了用户的需求、所在业务领域的工作情况以后，经过分析和总结，提炼出来的用以描述用户业务需求的一些概念，如销售业务中的客户和订单、商品和业务员；薪资管理业务中的员工与部门、员工与工资等。概念模型使用 E-R 图（Entity-Relationship Diagram，实体-联系图）表示。E-R 图主要由实体、属性和联系 3 个要素构成，具体的符号表示如图 1.3.7 所示。

图 1.3.7 实体、属性和联系的符号表示

（1）实体（Entity）是指现实世界中客观存在的并可以相互区分的对象或事物。实体可以是具体的人和事物，也可以是抽象的概念、联系。在 E-R 图中，实体用矩形表示，矩形内写明实体名。严格来说，实体指表中的一行特定数据，如员工张三、李四都是一个实体。通常把整个表称为一个实体集合，所有员工可以用实体集"员工"来表示。每一个实体集可以指定一个键作为主键，当一个属性或属性组合被指定为主键时，在实体集与属性的连接线上标记斜线。

（2）属性（Attribute）是指实体所具有的某一特性。一个实体可由若干个属性来刻画。在 E-R 图中，属性用椭圆形表示，并用无向边将其与相应的实体连接起来。比如，员工的姓名、员工号、性别都是属性。

（3）联系（Relationship）是指实体之间相互连接的方式，也称为关系。在 E-R 图中，联系用菱形表示。

2. E-R 图的类型

表示实体间联系情况的 E-R 图分为 3 种。

（1）一对一（1∶1）联系。如果实体集 A 中的每个实体最多只能和实体集 B 中的一个实体有联系，那么实体集 A 对 B 的联系称为"一对一联系"，记为"1∶1"。企业人力资源管理系统中，有经理和部门两个实体集，每个部门只有一个经理，每个经理只能在一个部门，部门和经理之间是一对一的联系。经理的属性包括编号、姓名、年龄、学历，部门的属性包括部门编号、部门名，经理和部门之间是管理关系，其中任职时间是这个管理关系的属性，具体的 E-R 图如图 1.3.8 所示。

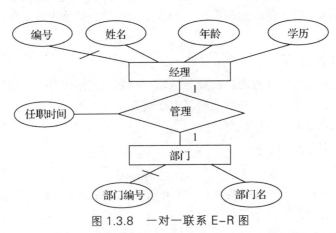

图 1.3.8 一对一联系 E-R 图

（2）一对多（1：n）联系。如果实体集 A 中的一个实体可以和实体集 B 中的多个实体有联系，而 B 中的一个实体至多与 A 中的一个实体有联系，那么实体集 A 对 B 的联系称为"一对多联系"，记为"1：n"。企业仓库管理系统中，有仓库和商品两个实体集。仓库用来存放商品，且规定一类商品只能存放在一个仓库中，一个仓库可以存放多类商品，则仓库和商品之间是一对多的联系。仓库的属性包括仓库号、地点、面积，商品的属性包括商品号、商品名、价格，仓库和商品之间是存放关系，其中数量是这个存放关系的属性，具体的 E-R 图如图 1.3.9 所示。

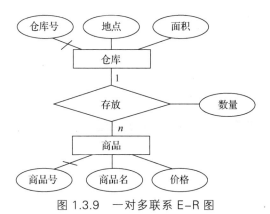

图 1.3.9　一对多联系 E-R 图

（3）多对多（m：n）联系。如果实体集 A 中的一个实体可以和实体集 B 中的多个实体有联系，且 B 中的一个实体也可以与 A 中的多个实体有联系，那么实体集 A 对 B 的联系称为"多对多联系"，记为"m：n"。图书销售系统中，有图书和会员两个实体集，一种图书可以销售给多个会员，一个会员可以购买多种图书，则图书和会员之间是多对多的联系。图书的属性包括书号、书名、单价，会员的属性包括身份证号、姓名、电话，图书和会员之间是销售关系，其中订货册数、金额合计、是否结清是这个销售关系的属性，具体的 E-R 图如图 1.3.10 所示。

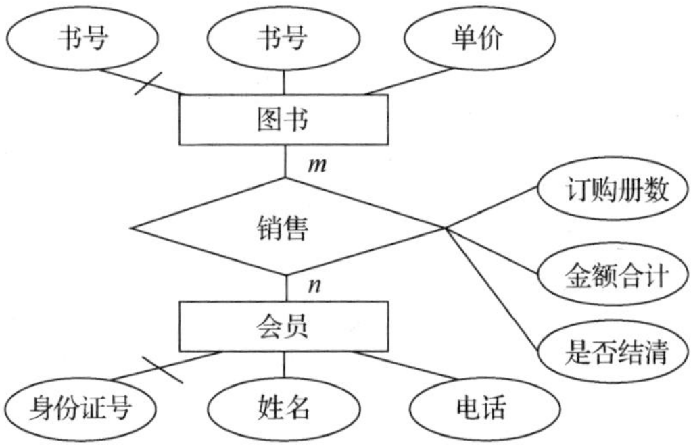

图 1.3.10　多对多联系 E-R 图

（三）逻辑结构设计环节

在这个环节，数据库设计人员的主要工作是将现实世界的概念模型设计成数据库的逻辑模型，即某种特定数据库管理系统所支持的逻辑模型。逻辑模型设计是将概念模型转化为具体的数据模型的过程，即按照概念结构设计环节建立的基本 E-R 模型，将选定的管理系统软件支持的关系（层次/网状/面向对象）数据模型，转换成相应的逻辑模型，这种转换要符合关系（层次/网状/面向对象）数据模型的原则。

1. E-R 模型向关系模型的转换原则

E-R 模型向关系模型的转换要解决如何将实体和实体间的联系转换为关系的问题，并确定这些关系的属性和主键。这种转换一般按下面的原则进行。

（1）一个实体转换为一个关系，实体的属性就是关系的属性，实体的主键就是关系的主键。

（2）一个联系转换为一个关系，联系的属性及联系所连接的实体的主键都转换为关系的属性，但是关系的主键会根据联系的类型变化。具体说明如下。

- 1∶1 联系，两端实体的主键都成为关系的候选主键。
- 1∶n 联系，n 端实体的主键成为关系的主键。
- m∶n 联系，两端实体的主键的组合成为关系的主键。

2. E-R 模型向关系模型的转换方式

（1）一对一联系的 E-R 模型向关系模型的转换有以下两种方式。

① 联系单独对应一个关系模型。由联系的属性、参与联系的各实体集的主键构成关系模型，其主键可选参与联系的任一方实体集的主键。图 1.3.8 所示的 E-R 模型转换成的关系模型如下。

经理（<u>编号</u>，姓名，年龄，学历）

部门（<u>部门编号</u>，部门名）

管理（<u>部门编号</u>，<u>编号</u>，任职时间）

或者

管理（<u>部门编号</u>，编号，任职时间）。

② 联系不单独对应一个关系模型。联系的属性及一方实体集的主键加入另一方实体集对应的关系模型中。图 1.3.8 所示的 E-R 模型转换成的关系模型如下。

经理（<u>编号</u>，姓名，年龄，学历，部门编号，任职时间）

部门（<u>部门编号</u>，部门名）

或者

经理（<u>编号</u>，姓名，年龄，学历）

部门（<u>部门编号</u>，部门名，编号，任职时间）

（2）一对多联系的 E-R 模型向关系模型的转换有以下两种方式。

① 联系单独对应一个关系模型。由联系的属性、参与联系的各实体集的主键构成关系模型，n 端的主键作为关系模型的主键。图 1.3.9 所示的 E-R 模型转换成的关系模型如下。

仓库（<u>仓库号</u>，地点，面积）

商品（<u>商品号</u>，商品名，价格）

存放（<u>商品号</u>，仓库号，数量）

② 联系不单独对应一个关系模型。联系的属性及 1 端的主键加入 n 端实体集对应的关系模型中，主键仍为 n 端实体集的主键。图 1.3.9 所示的 E-R 模型转换成的关系模型如下。

仓库（<u>仓库号</u>，地点，面积）

商品（<u>商品号</u>，商品名，价格，仓库号，数量）

（3）多对多联系的 E-R 模型向关系模型的转换。

多对多的联系单独对应一个关系模型时，该关系模型包括联系的属性、参与联系的各实体集的主键，该关系模型的主键由各实体集的主键共同组成。图 1.3.10 所示的 E-R 模型转换成的关系模型如下。

图书（书号，书名，单价）

会员（身份证号，姓名，电话）

销售（身份证号，书号，订购册数，金额合计，是否结清）

3. 优化数据模型

得到初步的数据模型后，还应该适当地修改、调整数据模型的结构，以进一步提高数据库应用系统的性能，这就是数据模型的优化。优化数据模型的步骤如下。

（1）确定数据依赖。

（2）对于各个关系模型之间的数据依赖进行极小化处理，消除冗余的联系。

（3）按照数据依赖的理论对关系模型进行分析，考察是否存在部分函数依赖、传递函数依赖、多值依赖等，确定各关系模型分别属于第几范式。

（4）按照需求分析环节得到的各种应用对数据处理的要求，分析对于这样的应用环境这些关系模型是否合适，确定是否要对它们进行合并或分解（并不是规范化程度越高的关系就越优）。

（5）对关系模型进行必要的分解，提高数据操作的效率和存储空间的利用率。

第一范式的目标是确保关系中每列的原子性，如果每列都是不可再分的最小数据单元（也称为最小的原子单元），则该关系满足第一范式（First Normal Form，1NF）。如图 1.3.11 所示，"班级"列可以继续拆分成"专业"和"班级"列。

姓名	班级
贺亚平	大数据与会计2203

1NF →

姓名	专业	班级
贺亚平	大数据与会计	2203

图 1.3.11　1NF 的转化

如果一个关系满足 1NF，且数据表里的所有非主键属性都和该数据表的主键有完全依赖关系，则该关系满足第二范式（Second Normal Form，2NF）。所谓"完全依赖"，是指不能存在仅依赖主键某部分的属性。如果有非主键属性只和主键的某部分有关的话，该关系就不符合 2NF。所以，如果一个数据表的主键只有单一字段的话，它就一定符合 2NF。

如图 1.3.12 所示，主键由订单编号和产品编号组成，而产品品牌和单价只与主键中的产品编号相关，没有完全依赖于主键，所以需要将这个表拆分成两个表，这样每个表中的所有字段就全部依赖于拆分后的表的主键了。

如果一个关系满足 2NF，并且除了主键列以外的其他列都不传递依赖于主键列，则该关系满足第三范式（Third Normal Form，3NF）。如图 1.3.13 所示，学号是主键，班级直接依赖于学号，教室直接依赖于班级，教室传递依赖于学号，所以需要将其拆成两个表，这样每个表中的所有字段就不传递依赖于拆分后的表的主键了。

订单编号	产品编号	单价	购买数量	产品品牌
1001	A01	9 000	34	华为
1001	A02	4 567	11	小米
2003	A01	9 000	13	华为

2NF

订单编号	产品编号	购买数量
1001	A01	34
1001	A02	11
2003	A01	13

订单编号	产品品牌	单价
A01	华为	9 000
A02	小米	4 567

图 1.3.12　2NF 的转化

学号	姓名	性别	电话	班级	教室
1001	王昊	男	13024834321	1班	302
2001	张琪	女	13024834301	2班	509
2002	柳明	男	13024834391	2班	509

3NF

学号	姓名	性别	电话	班级
1001	王昊	男	13024834321	1班
2001	张琪	女	13024834301	2班
2002	柳明	男	13024834391	2班

班级	教室
1班	302
2班	509

图 1.3.13　3NF 的转化

（四）物理结构设计环节

数据库设计人员根据特定数据库管理系统所提供的多种存储结构和存取方法，依赖具体计算机结构，对具体的应用任务选定最合适的物理存储结构、存取方法和存取路径等。这个设计环节的结果就是形成了物理数据库。在关系数据库中，将逻辑结构设计环节优化过的关系模式转化成数据库中的一张张关系表，每个属性用合适的类型和长度存储，并设置主键和相关约束，即可完成数据库的设计，满足应用程序对于数据的存储、插入、删除要求。

（五）数据库的实施环节

数据库设计人员在上述物理结构设计的基础上收集数据，并具体建立一个真正的数据库，运行一些典型的应用任务来验证数据库设计的正确性和合理性。

（六）数据库的运行和维护环节

数据库系统正式投入运行，在运行过程中，数据库设计人员必须不断地对其进行调整与修改。

四、SQL 的基本概念

SQL（Structured Query Language，结构化查询语言）是一种专门用来与数据库"沟通"的语言。与其他语言（如英语或 Java、C、PHP 这样的编程语言）不同，SQL 中只有很少的关键字。SQL 可以提供一种从数据库中读写数据的简单、有效的方法。

（一）SQL 的优点

第一，SQL 不是某个特定数据库供应商专有的语言，几乎所有重要的数据库管理系统都支持 SQL 语言。

第二，SQL 简单易学，它的语句全都是由描述性很强的英语单词组成的，而且这些单词的数目不多。

第三，SQL 虽然简单，但实际上是一种功能强大的语言。灵活使用其语言元素，可以进行非常复杂和高级的数据库操作。

（二）SQL 语句及其分类

SQL 用关键字、表名、列名等组合而成的一条语句来描述操作。关键字是指那些含义或使用方法已事先定义好的英语单词，SQL 包含"对表进行查询"或者"参考这个表"等各种意义的关键字。根据对关系数据库管理系统赋予的指令种类的不同，SQL 语句可以分为以下 3 类。

1. DDL

DDL（Data Definition Language，数据定义语言）可以用来创建或者删除数据库及数据库中的表等对象。DDL 包含的指令如表 1.3.1 所示。

表 1.3.1　　　　　　　　　　　　DDL 指令列表

指令	描述
CREATE	功能：创建数据库和表等对象 用 SQL 语句创建数据库的语法格式： 　　CREATE DATABASE [IF NOT EXISTS] 数据库名; 示例：CREATE DATABASE sales;
DROP	功能：删除数据库和表等对象 用 SQL 语句删除数据库的语法格式： 　　DROP DATABASE [IF EXISTS] 数据库名; 示例：DROP DATABASE sales;
ALTER	功能：修改数据库和表等对象 用 SQL 语句删除数据表的语法格式： 　　ALTER TABLE 表名 DROP 列名; 示例：ALTER TABLE stu_chinese _score DROP chinese_score;

2. DML

DML（Data Manipulation Language，数据操纵语言）用来查询或者变更表中的记录。DML 包含的指令如表 1.3.2 所示。

表 1.3.2   DML 指令列表

指令	描述
SELECT	功能：查询表中的数据 用 SQL 语句查询表中数据的语法格式： 　　SELECT * FROM <表名>; 示例：SELECT * FROM stu_chinese_score;
INSERT	功能：向表中插入新数据 用 SQL 语句向表中插入数据的语法格式： 　　INSERT INTO 表名称 VALUES (值1, 值2, …); 示例：INSERT INTO stu_chinese_score VALUES ("姓名","学号");
UPDATE	功能：更新表中的数据 用 SQL 语句更新表中数据的语法格式： 　　UPDATE 表名 SET 列名1=列值1, 列名2=列值2,…,WHERE 列名3=列值3,…; 示例：UPDATE stu_chinese_score SET 姓名="张三",班级="会计一班" WHERE 学号="123";
DELETE	功能：删除表中的数据 用 SQL 语句删除表中数据的语法格式： 　　DELETE FROM 表名 WHERE 列名1=列值1; 示例：DELETE FROM stu_chinese_score WHERE 姓名="张三";

3. DCL

DCL（Data Control Language，数据控制语言）用来确认或者取消对数据库中的数据进行的变更。除此之外，还可以对 RDBMS 的用户是否有权限操作数据库中的对象（数据表等）进行设定。DCL 包含的指令如表 1.3.3 所示。

表 1.3.3   DCL 指令列表

指令	描述
COMMIT	确认对数据库中数据进行的变更
ROLLBACK	取消对数据库中数据进行的变更
GRANT	赋予用户操作权限
REVOKE	取消用户的操作权限

五、SQL 语句的基本书写与命名规则

多条 SQL 语句之间以分号";"分割，SQL 语句的关键字不区分大小写，但使用的时候建议将关键字大写，以方便区分，增强代码的可读性。建议读者使用的 SQL 语句的基本书写与命名规则如下。

（1）关键字、保留字大写，数据库名、表名和列名等小写。

（2）字段的命名应简洁明了，且能反映出该字段的基本信息，中间可以使用下画线"_"连接。

（3）SQL 语句中有字符串的时候，需要像 'abc' 这样，使用英文单引号（'）或者英文双

引号（"）将字符串括起来，用来标识字符串。

（4）SQL 语句中有日期的时候，同样需要使用英文单引号将其括起来，如'2020-01-26'这种'年-月-日'的格式。

（5）SQL 语句的单词之间必须使用半角空格（即英文空格）或换行符来进行分隔。没有分隔的语句会产生错误，无法正常执行。不能使用全角空格（中文空格）作为单词的分隔符，否则会产生错误，出现无法预料的结果。

（6）SQL 语句中的标点符号必须都是英文状态下的，即半角符号。

（7）SQL 语句的注释包括：单行注释，用"#"或"- -"标识；多行注释，用"/* */"标识，具体如图 1.3.14 所示。

```
1  ☐/*    多行注释
2       Navicat Premium Data Transfer
3
4       Source Server         : 周若谷
5       Source Server Type    : MySQL
6       Source Server Version : 80028
7       Source Host           : localhost:3306
8       Source Schema         : lhtz
9
10      Target Server Type    : MySQL
11      Target Server Version : 80028
12      File Encoding         : 65001
13
14      Date: 20/05/2022 13:08:15
15   └*/
16   SET NAMES utf8mb4;  #单行注释
17   SET FOREIGN_KEY_CHECKS = 0;   #单行注释
18   -- ------------------------------
19   -- Table structure for income 单行注释
20   -- ------------------------------
21   DROP TABLE IF EXISTS `income`; # 单行注释，删除表
22  ☐CREATE TABLE `income`  (     -- 单行注释创建表
23      `ts_code` char(6) CHARACTER SET Gb2312 COLLATE Gb2312_chinese_ci NOT NULL,
24      `end_date` date NOT NULL,
25      `oper_income` decimal(10, 2) NULL DEFAULT NULL,
```

图 1.3.14　SQL 语句的注释

六、SQL 编译环境构建

（一）在计算机上安装 MySQL 编译环境

SQL 能够在 Oracle、DB2 和 SQL Server 这些功能强大但价格昂贵的商业数据库软件上编译运行，许多中小企业更倾向于使用开源数据库软件。开源数据库具有速度快、易用性好、支持 SQL、支持网络、可移植性强、费用低等特点，可满足中小企业的需求。在经济不景气的年代，开源数据库成为企业应用数据库的首选。

在诸多的开源数据库产品中，MySQL 被称为"最受欢迎的开源数据库"，被看作未来新兴数据库市场的"主导者"。MySQL 针对个人用户和商业用户提供了不同版本的产品。MySQL 社区版是可供个人用户免费下载的开源数据库；对于商业用户，有标准版、企业版、集成版等多种版本可供选择，以满足特殊的商业和技术需求。其中，MySQL 社区版是免费使用的，其安装步骤如下。

（1）个人用户进入 MySQL 官网的下载页面，单击"MySQL 社区（GPL）下载"链接，即可下载该软件的社区版，如图 1.3.15 所示。

图 1.3.15　MySQL 下载页面

（2）根据操作系统选择不同的安装程序，如选择适用于微软 Windows 的 MySQL 安装程序或适用于其他操作系统的 MySQL 安装程序等。选择适用于微软 Windows 的 MySQL 安装程序后，还可以进一步选择安装方式，如图 1.3.16 所示。选择好安装方式后，即可进入安装界面，按照提示一步一步安装即可。

图 1.3.16　选择适用于微软 Windows 的 MySQL 安装程序下载版本

MySQL 数据库系统提供了 MySQL 命令行客户端（MySQL Command Line Client）管理工具，用于数据库的管理与维护，如图 1.3.17 所示。

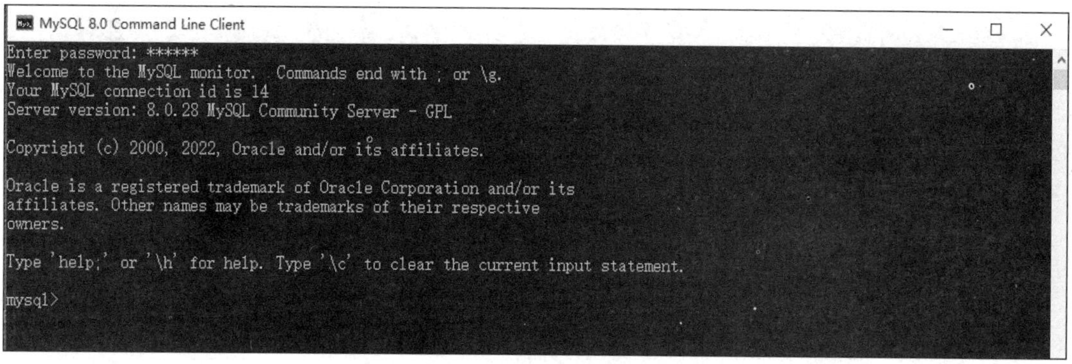

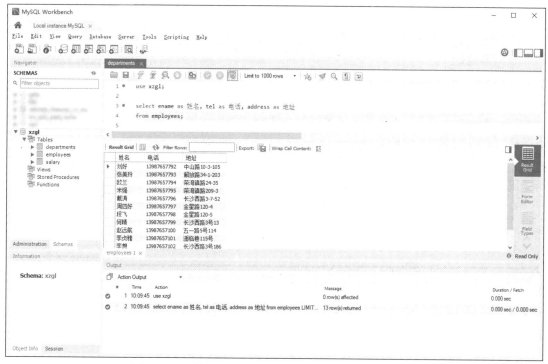

图 1.3.17 MySQL 命令行客户端

对于不习惯使用命令行客户端的用户来说，当前第三方提供的 MySQL 图形化管理工具比较多。MySQL 图形化管理工具对数据库的数据进行操作时采用菜单方式进行，不需要用户熟练记忆操作命令，对用户友好。MySQL Workbench 是一个开源、免费的桌面版 MySQL 数据库管理和开发工具，易学易用，很受用户欢迎，其操作界面如图 1.3.18 所示。

图 1.3.18 使用 MySQL Workbench 进行数据库管理

（二）使用云平台进行编译

目前很多第三方平台也提供了 SQL 的数据库云编译环境，优点是用户无须下载安装 MySQL 等数据库编译软件，直接登录云平台即可进行 SQL 的编译运行；缺点是用户需要注册云平台的账号。厦门网中网软件有限公司开发的"大数据技术应用基础"云平台界面如图 1.3.19 所示。

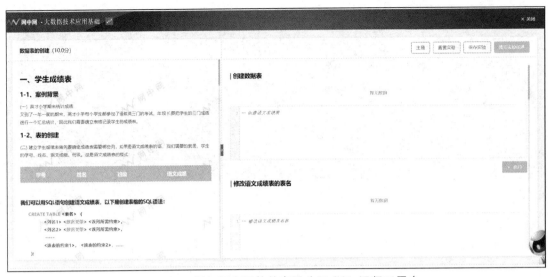

图 1.3.19　厦门网中网软件有限公司 SQL 运行云平台

固知识技能

一、填空题

1. 数据管理技术的发展与硬件、软件、计算机应用的发展有密切联系，数据管理大致经历了 3 个阶段：＿＿＿＿＿＿＿＿、＿＿＿＿＿＿＿＿＿＿＿、＿＿＿＿＿＿＿＿＿＿＿＿。

2. SQL 用关键字、表名、列名等组合而成的一条语句来描述操作。根据对 RDBMS 赋予的指令种类的不同，SQL 语句可以分为＿＿＿＿＿＿＿＿、＿＿＿＿＿＿＿、＿＿＿＿＿＿。其中，＿＿＿＿＿＿＿用来确认或者取消对数据库中的数据进行的变更，还可以对 RDBMS 的用户是否有权限操作数据库中的对象（数据表等）进行设定。

3. 数据库设计的环节包括：＿＿＿＿＿＿＿＿、＿＿＿＿＿＿＿、＿＿＿＿＿＿、＿＿＿＿＿＿＿＿＿以及数据库的运行和维护。

4. SQL 语句的注释包括：＿＿＿＿＿＿＿＿，用"#"或"--"标识；＿＿＿＿＿＿＿，用"/*   */"标识。

5. 某学生管理系统的开发人员经过需求分析环节的分析，在概念结构设计环节设计出来的 E-R 图如图 1.3.20 所示，请完成逻辑结构设计环节中 E-R 模型转换成关系模型的工作。

学生（学号，＿＿＿＿＿＿，＿＿＿＿＿＿＿，＿＿＿＿＿＿＿＿，＿＿＿＿＿＿＿＿，总学分，备注）

课程（＿＿＿＿＿＿，课程名，类别，＿＿＿＿＿＿＿，学时，学分）

＿＿＿＿＿＿＿（学号，＿＿＿＿＿＿，成绩）

6. 仅有好的 RDBMS 并不足以避免数据冗余，必须在数据库的设计过程中创建好的表结构，E.F.科德博士定义了规范化的 3 个级别，范式是具有最小冗余的表结构。这些范式是：＿＿＿＿＿＿＿＿、＿＿＿＿＿＿＿、＿＿＿＿＿＿＿。1NF 的目标是确保关系中每列的＿＿＿＿＿＿＿，每列都是不可再分的最小数据单元。如果一个关系满足 1NF，且数据表里的所有非主键属性都和该数据表的主键有＿＿＿＿＿＿关系，则该关系满足 2NF。如果一个关系满足 2NF，并且除了主键列以外的其他列都＿＿＿＿＿＿＿主键列，则该关系满足 3NF。

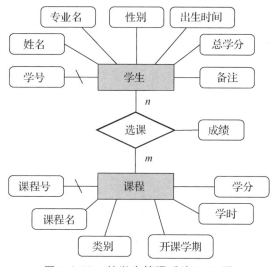

图 1.3.20 某学生管理系统 E-R 图

二、多选题

1. 以下有关 E-R 模型到关系模型转换的描述正确的有（　　　）。
   A. 假设 A 实体集与 B 实体集是 1:1 的联系，把 A 实体集的主键加入 B 实体集对应的关系中，如果联系有属性也一并加入
   B. 假设 A 实体集与 B 实体集是 1:1 的联系，把 B 实体集的主键加入 A 实体集对应的关系，如果联系有属性也一并加入
   C. 假设 A 实体集与 B 实体集是 1:n 的联系，可将 A 实体的主键纳入 B 实体集对应的关系中作为外键，同时把联系的属性也一并纳入 B 对应的关系
   D. 假设 A 实体集与 B 实体集是 m:n 的联系，必须对"联系"单独建立一个关系，用来联系双方实体集。该关系的属性中至少要包括被它所联系的双方实体集的主键，并且如果联系有属性，也要归入这个关系

2. 数据表必须符合特定的条件，以下说法正确的有（　　　）。
   A. 遵守引用参照完整性原则，即外键的值必须来自主表主键列或者为空
   B. 列有唯一的名称，存储在列中的数据必须具有相同的数据类型，列没有顺序
   C. 每行数据可以冗余（多条行数据相同），行没有顺序
   D. 遵守实体完整性原则，即主键不能为空

三、简答题

1. 简述数据库与数据库管理系统的区别。
2. 简述 SQL 语句的基本书写与命名规则。

任务四　数据采集基础

 学习目标

动画 1.4

【知识目标】了解数据采集的概念和数据源的分类，掌握数据采集方法和熟悉数据类型的

划分标准。

【**技能目标**】能确定数据采集的源头，能构建 Python 编译环境。

【**素质目标**】树立科学发展观，能够用变化和发展的眼光看问题。

德技兼修

小强：学长，今天我提前查阅了数据采集的相关内容，发现经过二十多年的发展，我们国家的数据采集技术有了突破性的进展。虽然与国外数据采集技术比较起来依然存在一定差距（尤其是在便携性上），但是在起步较晚的情况下，这样的发展速度也是相当快的了。我们要抓住短板找差距，努力攻克技术难题，做出更好的产品。

大富学长：我很赞赏你今天的总结。首先是知现况，肯定自己的成绩，知道自己有进步，年轻人千万不要妄自菲薄，不要轻易否定自己；然后是找差距，知道我们和别人的差距在哪里；最后是补短板，要把我们和别人的差距补齐甚至超越别人。在以后的学习、工作中，我们要沉下心来反思自己的不足和缺点，抬起头来看看应该达到的目标和境界，才能有更大的成长空间和更足的前进动力。我们年轻人更应自觉行动起来，埋头苦干、真抓实干，将脚下的路走得更好、更稳。

学知识技能

大数据在各个行业领域的渗透速度有目共睹，然而大量的数据信息并未被有效地开发、利用。在大数据时代背景下，从大数据中采集出有用的信息是大数据发展的关键因素之一，数据采集是大数据产业的基石。

传统的数据采集是指传感器及其他待测设备等模拟或数字被测单元自动采集非电量或者电量信号，并将其送到上位机中进行分析、处理。在大数据时代，数据采集指从传感器、智能设备、企业在线系统、企业离线系统、社交网络和互联网平台等获取数据的过程。这些数据包括传感器数据、用户行为数据、社交网络交互数据及移动互联网数据等各种类型的结构化、半结构化及非结构化的海量数据。

一、数据源

在大数据时代，数据的来源有很多，下面根据数据采集的源头对要采集的数据进行分类。

（一）物理数据

物理数据指的是现实生活中，我们可以观测并测量到的物理数值。物理数据可以进一步细分为：人为产生的物理数据与非人为产生的物理数据。人为产生的物理数据包括每天行走的步数、爬楼层数等。非人为产生的物理数据包括机器产生的物理数据。在物联网迅速发展的背景下，各个终端设备每时每刻都在产生大量数据，有生产设备的温度、压力、电耗等数值数据，也有一整套智能家居中各个家电的运行状态数据等。

物理数据通常用于监控与监测，如楼宇设备能耗监测，以及节能控制系统中各个计量表监测记录的电力能耗、中央空调风力、楼内室温等物理数据。这些记录下来的物理数据，正是节能控制的基础，如图 1.4.1 所示。

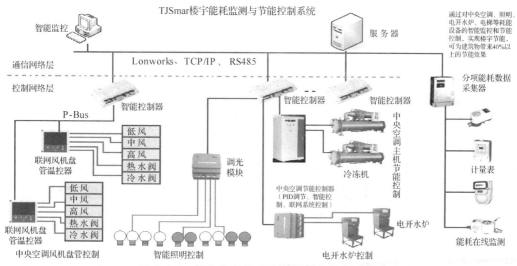

图 1.4.1 楼宇设备能耗监测与节能控制系统

（二）系统日志

系统日志可以记录系统中硬件问题、软件问题和系统问题的信息，还可以监视系统中发生的事件。用户可以通过它来检查错误产生的原因，寻找受到攻击时攻击者留下的痕迹。系统日志包括应用程序日志和安全日志。比如，用户访问电商网站浏览过哪些类别的商品、在商品页中停留的时间、经过多长时间购买等日志信息，都会被系统记录。这些系统日志，被电商网站获取后进行分析，形成用户画像，之后电商网站根据用户画像分析结果继续向用户推荐商品。

（三）业务系统数据

与系统日志不同，业务系统数据一般可以理解为企业内部系统的业务数据。企业 OA（Office Automation，办公自动化）系统中的人力资源数据、办公流程记录数据，销售订单系统中的订单记录数据、客户信息数据，财务系统中的单据凭证数据、财务报表数据，网银系统中的银行流水数据等，都是业务系统数据。图 1.4.2 所示为某企业的账务处理系统，其中包含企业业务数据。

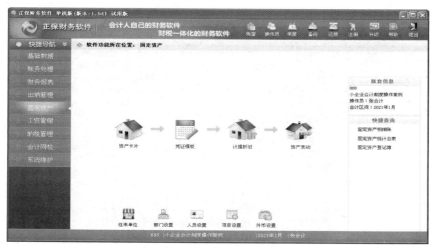

图 1.4.2 某企业的账务处理系统

（四）开放数据

开放数据指的是公众都可以查看并获取的数据，数据面向所有人开放。常见的如网页内容数据。例如，财经类门户网站的上市公司财务报表数据，所有人只要连接上网络，访问财经类门户网站就能查看到相应企业的资产负债表、利润表等财务数据，如图 1.4.3 所示；中国证券监督管理委员会每年会公布上市公司的年度财务报告，所有人可以从中国证券监督管理委员会网站下载报告文件；中国人民银行会公布每年的金融统计数据，并提供 Excel 或 PDF 等格式的文件给公众下载使用；国家统计局网站提供了农业、生产、经济、教育等方面的宏观数据，且提供的数据具有高度的权威性，用户可以在其上查询，并直接下载 Excel 文件，如图 1.4.4 所示。

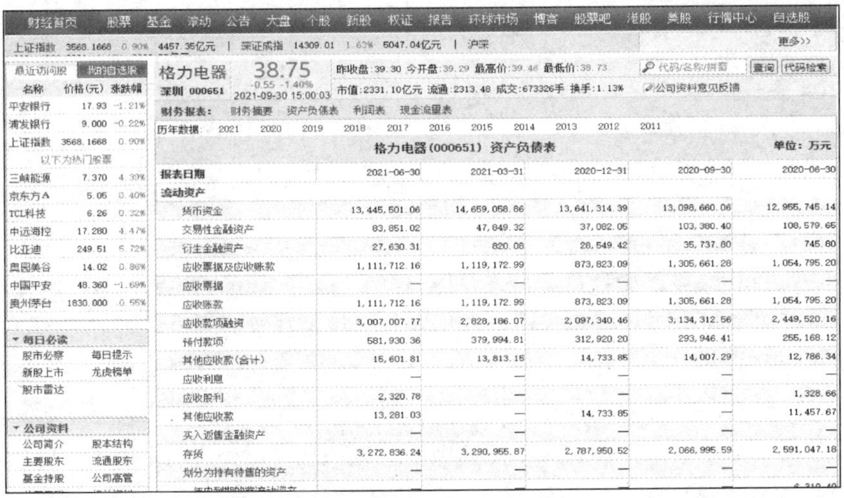

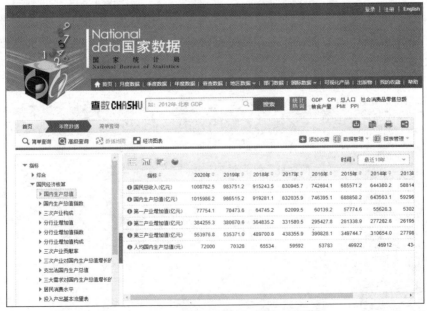

图 1.4.3　新浪财经提供的报表数据

图 1.4.4　国家统计局网站提供的开放数据

可以说，开放数据是我们最常用的数据，并且开放数据并不限于网页内容数据这样的文本数据，还包括文件、图片、语音、影像等多种类型的数据。

（五）其他平台数据

除了上述 4 类数据的采集源头，还有一类特殊的数据源头，称为"其他平台数据"。因为不是每个人都有能力从上述 4 类采集源头顺利采集到数据，于是一些组织或企业会将数据进行收集汇总，再将其无偿或有偿地提供给其他人使用。这些组织或企业一般会搭建一个数据平台，通过提供数据源下载或数据接口的形式，为大众提供数据服务。

比如证券宝平台，就是一个免费提供证券历史行情数据、上市公司财务数据等的数据平台，它通过数据接口的形式为大众提供数据服务。用户可以从开放数据的新浪财经网站获取上市公司财务数据，也可以通过证券宝平台获取上市公司财务数据。需要注意的是，数据平台可能不会永远提供无偿服务，会根据网站背后运营企业的经营策略调整无偿或有偿的数据服务提供方式。

二、数据采集的方法

了解了数据的采集源头，就可以学习采集数据的方法。不同的数据采集源头有不同的数据采集方法。

（一）感知设备采集法

感知设备采集是指通过传感器、摄像头和其他智能终端从系统外部采集数据并输入系统内部的过程。数据采集工具广泛应用在各个领域，如摄像头、麦克风等。被采集数据是已被转换为电信号的各种物理量，如温度、水位、风速、压力等，它们可以是模拟量，也可以是数字量。感知设备采集一般使用采样方式，即隔一定时间（称采样周期）对同一点数据进行重复采集。感知设备采集的数据大多是瞬时值，也可以是某段时间内的特征值。这种采集方法在物联网领域中有较为广泛的应用。

（二）系统日志采集法

系统日志采集法是偏计算机应用层面的采集方法，目前基于 Hadoop 平台开发的 Chukwa、Cloudera 的 Flume 以及 Facebook 的 Scribe 均是采用系统日志采集法的典范。这种采集方法每秒大约可以传输数百兆字节的日志数据信息，并将其提供给日志分析系统进行"数据流"分析。

（三）数据库采集法

企业的业务数据一般存储在业务系统的关系数据库中，所以通过数据库获取数据的方法在企业内部较为常见。数据库管理员可以为业务人员和数据分析人员提供一定的数据库权限，比如开放指定的数据表并设定业务人员和数据分析人员只有数据查询权限，不能新增、删除数据表记录。业务人员和数据分析人员基于一定的数据库权限，从数据库中直接获取数据，并将其加载到数据分析工具中。

（四）网络数据采集法

网络数据采集法分为两种，一种是 API 数据采集法（也称数据接口数据采集法），另一种是网络爬虫数据采集法。

API（Application Program Interface，应用程序接口）是网站的管理者为了方便用户而编写的一种程序接口。该类接口屏蔽了网站底层的复杂算法，用户通过简单调用 API 即可实现对数据的请求。目前主流的社交媒体平台，如新浪微博、百度贴吧等均提供 API 服务。但是 API

技术受限于平台开发者，为了减小网站平台的负荷，开发者会对每天调用 API 的次数做限制。证券宝网站就提供了 API 接口，方便我们获取网站整理的上市公司财务数据和其他相关数据。

网络爬虫是一种可以自动提取网页数据的程序，它是搜索引擎的重要组成成分。爬虫的起源可以追溯到万维网（互联网）诞生之初，在搜索引擎被开发之前，互联网只是文件传送协议（File Transfer Protocol，FTP）站点的集合，用户可以在这些站点中导航以找到特定的共享文件。为了查找和组合互联网上可用的分布式数据，开发者创建了一个自动化程序，称为网络爬虫/机器人。运行网络爬虫程序，可以抓取互联网上的众多网页，然后将网页上的内容复制到数据库中并制作索引。网络爬虫爬取网页数据需要两个步骤，先抓取网页，然后将数据从网页中复制并导出到表格或资源库中，即抓取和复制，具体如图 1.4.5 所示。

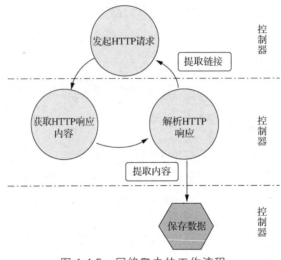

图 1.4.5　网络爬虫的工作流程

对于开放数据或其他平台数据，采用网络数据采集法比较合适。若网站平台提供 API，应尽可能使用 API，这种方法效率较高。如果没有 API 可用，编写爬虫代码来获取数据也是不错的选择。

（五）外包或众包

外包指的是一个公司或机构把由员工执行的工作任务，委托给外部的专业公司。众包是指以自由、自愿的形式将工作任务外包给非特定的大众志愿者。这也是一种特殊的数据采集方法。前面 4 种数据采集方法对技术均有一定的门槛要求，要么需要物理设备支持，要么需要数据库权限，就连常用的网络爬虫，也需要一定的编程基础。个人或小团队受限于专业方向，有时难以完成数据采集的工作，这时就可以选择外包或者众包的方法。

三、数据类型的划分

通常情况下，采集到的数据可以被分为 3 种类型，即结构化数据、非结构化数据以及半结构化数据。

（一）结构化数据

结构化数据往往被称为行数据，是由二维表结构来逻辑表达和实现的数据，其严格遵循数据格式与长度规范，主要通过关系数据库进行存储和管理。

学生选课系统中，学生、课程、选课、导师等数据都可以抽象为结构化数据；企业财务系统中，会计科目、凭证分录、会计账簿、财务报表等数据也都可以抽象为结构化数据；通过各种途径采集到的上市公司财务数据、宏观经济指标数据，也属于结构化数据。通常将这些结构化数据存储在 Excel 的二维表或者关系数据库的数据表中。通过数据采集方法得到的大量数据中，结构化数据仅占五分之一左右。

（二）非结构化数据

无法定义结构的数据称为非结构化数据。处理和管理非结构化数据相对困难。常见的非结构化数据包括文本信息、图像信息、视频信息以及声音信息等，它们的结构千变万化，难以用一个二维表来描述。

（三）半结构化数据

半结构化数据和上面两种数据都不一样，它是结构化的数据，但是结构变化很大。如果要了解数据的细节就不能将数据简单按照非结构化数据处理，而因为结构变化很大也不能简单地建立一个二维表和它对应。如员工的简历信息，不像员工基本信息那样一致。每个员工的简历可能大不相同，有的员工的简历很简单，只包括教育情况；有的员工的简历很复杂，包括工作情况、婚姻情况、出入境情况、户口迁移情况、技术技能等信息。

> **说明**
>
> 在日常财务数据分析中，非结构化数据、半结构化数据使用较少，读者只需要对其有基本的了解即可，重点在于认识结构化数据。

四、Python 编译环境构建

（一）在计算机上安装 Python 编译环境

如果希望在个人计算机上运行 Python 代码，需要进行 Python 编译环境的构建。登录 Python 的官网可以下载最新版本的 Python 安装程序，Python 官网页面如图 1.4.6 所示。

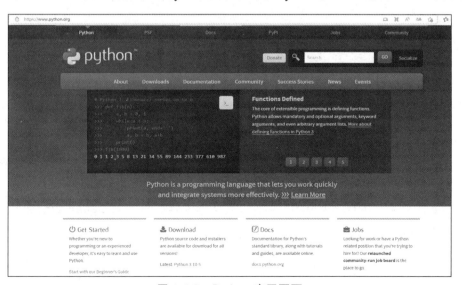

图 1.4.6　Python 官网页面

安装好 Python 环境后，可以使用任意文本编辑软件编写 Python 代码，并将其存为.py 文件；然后通过 Python 编译环境的执行命令运行.py 文件，即可看到代码执行结果，如图 1.4.7 所示。

图 1.4.7　Python 代码执行结果

（二）使用云平台进行编译

目前很多第三方平台也提供了 Python 云编译环境，并内置了 NumPy、Pandas、Matplotlib 等常用第三方库，用户无须下载、安装 Python 编译环境，直接登录云平台即可运行 Python 代码。厦门网中网软件有限公司开发的 Python 云平台界面如图 1.4.8 所示。

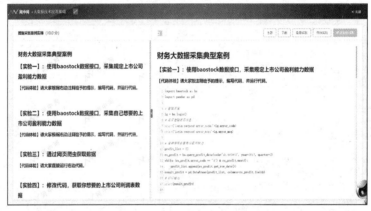

图 1.4.8　厦门网中网软件有限公司开发的 Python 云平台界面

固知识技能

一、填空题

1. 一些组织或企业将数据进行收集汇总，再将其无偿或有偿地提供给其他人使用，它们搭建数据平台，通过提供数据源下载或数据接口的形式，为大众提供数据服务。这种采集数据的方法叫作 _____ 采集法。

2. _____ 是指通过传感器、摄像头和其他智能终端从系统外部采集数据并输入系统内部的过程。数据采集工具广泛应用在各个领域，如摄像头、麦克风等。

3. 通常情况下，采集到的数据可以被分为 3 种类型，即_____、_____、_____。

二、简答题

1. 简述数据采集的定义。

2. 简述数据采集的源头都有哪些。

3. 简述数据采集的方法有哪几种。

任务五　数据可视化基础

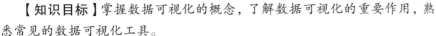

动画 1.5

学习目标

【知识目标】掌握数据可视化的概念，了解数据可视化的重要作用，熟悉常见的数据可视化工具。

【技能目标】能根据需求选择适合的数据可视化工具。

【素质目标】树立个人活动可以对社会发展产生能动影响的观念，构建信息思维，提升个人专业技术能力。

德技兼修

小强：学长，我们可以使用 WPS Office 的图形化软件进行数据可视化，为什么还要学习比较难的可视化编程技术呢？

大富学长：近年来，世界各国在科技与创新方面的竞争十分激烈。大力推进青少年科技教育，提升青少年信息素养，更是各国教育关注的焦点。这说明编程是数字时代的基本技能，所以，大学生不能对编程有畏难情绪。就拿以 Navicat 图形界面为工具创建数据表为例，每一步都需要点击鼠标，下一次创建同样的表，还需要再操作一遍，浪费大量时间，且这种手动点击创建表的技能存在个体差异，不利于传承。使用 SQL 编写创建数据表的代码就非常方便，统一语言带来记录方法的统一，这些代码可以在任何服务器上运行，并且可以分享给任何需要的人。事实上，编写代码不仅能帮助我们高效地进行数据分析，更能帮助构建逻辑思维。

学知识技能

一、数据可视化的概念

数据通常是枯燥乏味的，人们对于大小、图形、颜色等怀有更加浓厚的兴趣。数据可视化平台将枯燥乏味的数据转变为丰富生动的视觉效果，不仅有助于简化数据分析过程，也在很大程度上提高了数据分析的效率。

数据可视化是指将大型数据集以图形、图像形式表示，并利用数据分析和开发工具发现其中未知信息的过程。数据可视化技术的基本思想是将数据库中每一个数据项作为单个元素表示，让大量的数据构成数据图像，同时将数据的各个属性值以多维数据的形式表示，帮助人们从不同的维度观察数据，从而对数据进行深入分析。可视化在数据分析领域并非最具技术挑战，却是数据分析流程中非常重要的环节。

二、数据可视化的重要作用

（一）观测与跟踪数据

许多实际应用的数据量已经远远超出人类大脑可以理解及消化、吸收的能力范围，对于处于不断变化中的多个参数值，如果以数值的形式呈现，人们可能会茫然无措。利用变化的数据生成实时变化的可视化图表，可以让人们一眼看出各种参数的动态变化过程，有效跟踪各种参数值。比如百度地图提供的实时路况服务，用户使用这项服务可以查询各大城市的实时交通路况信息。

（二）分析数据

数据可视化技术，可用于实时呈现当前分析结果，引导用户参与分析过程，根据用户反馈的信息执行分析操作，完成用户与分析算法的交互，实现数据分析算法与用户领域知识的完美结合。

（三）辅助理解数据

数据可视化技术可帮助用户更快、更准确地理解数据背后的含义，如用不同的颜色区分不同对象、用动画显示变化过程、用图结构展示对象之间的复杂关系等。

（四）增强数据吸引力

枯燥的数据被制作成具有强大视觉冲击力和说服力的图像，可以大大增强读者的阅读兴趣。可视化的图表新闻就是一个非常受欢迎的应用。在海量的新闻信息面前，读者的时间和精力都显得有些捉襟见肘。传统单调、保守的呈现方式已经难以引起读者的兴趣，需要更加直观、高效的信息呈现方式。现在的新闻播报越来越多地使用数据图表，动态、立体化地呈现报道内容，让读者对内容一目了然，能够在短时间内迅速消化和吸收，大大提高理解知识的效率。

三、常见的数据可视化工具

目前已经有许多数据可视化工具，其中大部分都是可以免费使用的，满足各种可视化需求。常见的数据可视化工具包括入门级工具（Excel）、信息图表工具（Google Charts API、D3、Visually、Raphael、Flot、Tableau、大数据魔镜）、地图工具（Modest Maps、Leaflet、Polymaps、OpenLayers、Kartograph、Fushiontables、QGIS）、时间线工具（Timetoast、Xtimeline、TimeSlide、Dipity)和高级分析工具（Processing、NodeBox、R、Weka 和 Gephi)等。下面我们以 Excel、Power BI、Tableau 以及 Python 中的 Matplotlib 库为例，深入了解数据可视化工具。

（一）Excel

Excel 是微软公司推出的 Office 办公软件的重要构成组件之一，是一款电子表格软件，可用于制作各种各样的电子表格，实现数据的规整与结构化处理，并提供大量的数据统计和计算处理函数。除此之外，Excel 还提供强大的数据可视化功能。因此，Excel 以其丰富的功能和良好的易用性得到了广泛应用，成为全球普及率极高的表格类数据管理和可视化软件。随着版本的不断更新，其数据计算能力和可视化呈现能力日益突出，在个人财务信息和企业数据展示等领域应用广泛。Excel 作为一款经久不衰的可视化工具，可提供大量、丰富的图表模式。

（二）Power BI

Power BI 是微软公司推出的数据分析和可视化工具，可以连接数百个数据源、简化数据准备并提供实时分析，还可以生成美观的报表并进行发布，供组织在网络和移动设备上使用。用户可以使用 Power BI 创建个性化仪表板，获取针对其业务的独特见解。

（三）Tableau

Tableau 可以将数据运算与美观的图表完美地结合在一起，且简单易用。用户可以用 Tableau 将大量数据拖放到数字"画布"上，快速创建各种图表。Tableau 软件的理念是，界面上的数据越容易操控，用户对自己在所在业务领域里的所作所为到底是正确还是错误，就能了解得越透彻。

（四）Python 中的 Matplotlib 库

Matplotlib 是一个 Python 2D 绘图库，是 Python 中最基础也最常用的可视化工具之一，许多更高级的可视化库就是在 Matplotlib 的基础上再次开发的。Matplotlib 的使用方式和绘制思想已经成为 Python 绘图库的"标杆"。如果掌握了 Matplotlib 的使用方式，那么在 Python 中使用任何一个绘图库，用户都会觉得简单易用。

固知识技能

一、填空题

1. ＿＿＿＿＿＿＿＿是指将大型数据集以图形、图像形式表示，并利用数据分析和开发工具发现其中未知信息的过程。

2. 数据可视化的重要作用包括：观测与跟踪数据、分析数据、＿＿＿＿＿＿＿＿＿和＿＿＿＿＿＿＿＿＿。

二、简答题

1. 简述常见的数据可视化工具有哪些。

2. 下载并安装你最感兴趣的可视化工具，尝试制作简单的可视化图形，并讲述该工具的优缺点。

项目二
数据库基础操作

大数据时代对财务人员提出了新的要求，财务人员除了要掌握财务相关的理论与实践知识，还需要掌握大数据相关的知识和技能。本项目共包括 6 个任务：存储数据的仓库——数据库、数据库的重要成员——数据表、向数据表中插入财务数据、修改数据表中的财务数据、删除数据表中的财务数据、查询数据表中的财务数据，旨在拓展财务人员数据库基础操作方面的知识和技能。

动画 2.1

任务一　存储数据的仓库——数据库

学习目标

【知识目标】掌握数据库的创建、显示、修改、使用、删除命令的用法。

【技能目标】能在不同业务场景中使用 SQL 语言完成数据库的创建、显示、修改、使用、删除等操作。

【素质目标】正确认识自我价值与社会价值之间的关系，坚定职业自信，增强工作责任感和使命感。

德技兼修

大富学长：企业的财务管理工作，如薪资管理、固定资产管理、采购管理、销售管理、库存管理、账务处理、量化投资管理等，都是通过财务软件完成的。而财务软件的数据其实都存储在数据库中。通常需要将不同业务的数据分门别类地存放，比如薪资管理用到的数据，技术人员会将它们存放到薪资管理数据库。这些数据库各司其职，共同帮助企业完成财务管理工作，每一个数据库都是不可或缺的。同样地，当你们进入职场，在不同的岗位上完成自己的本职工作时，每个人都同等重要。我们要正确认识自己的价值，正是这份职业自信让我从一个普通的会计成长为具备博士学历的财务总监，你们要相信自己。

小强：您的学习和工作经历给了我很大的鼓励，我要向学长一样扎实掌握专业知识和技能，为将来进入职场打下基础！

大富学长：世上无难事，只要肯登攀！就企业财务管理工作而言，在数据库操作方面，财务人员要掌握创建、显示、修改、使用、删除数据库的技能。你可以从为企业创建"薪资管理数据库"开始学习，然后独立完成创建"量化投资数据库"的技能练习，最后通过创建

"固定资产管理数据库"进一步巩固与拓展所学知识与技能。

 **来自企业的技能任务**

当前面向社会提供全面企业级管理软件解决方案的公司有许多，占据我国较大市场份额的有用友集团和金蝶集团等。这些公司开发了适合不同规模企业的财务软件，帮助企业解决它们的财务管理问题。按照是否由软件商提供服务器平台，我们把财务软件分为传统的财务软件和 SaaS（Software as a Service，软件即服务）财务软件。

SaaS 财务软件也叫作在线财务软件，它与传统财务软件一样都可以完成企业账务、凭证、报表等会计业务日常处理及财务分析。但 SaaS 财务软件是基于互联网操作的财务管理软件，由软件商提供统一的服务平台和可在线管理的公共 SaaS 模式，按用户数量和使用期限收取服务费，财务数据由软件商代为保管，软件费用较低。在 SaaS 模式下，客户无须像传统财务软件那样花费大量投资用于软、硬件采购和人员培训，只需要支出一定的租赁服务费用，通过互联网便可以享受到相应的服务，享有软件使用权，可以不断升级，这是网络应用极具效益的一种营运模式。

无论是传统财务软件还是 SaaS 财务软件，它们的数据都是存储在类似于数据仓库的容器中，我们把这些存放数据的容器叫作数据库。企业会分门别类地将数据进行存储，例如企业要对员工薪资进行管理，可以把企业的薪资数据都存放在薪资管理数据库中。

序号	岗位技能要求	对应企业任务
1	创建数据库	【任务 2.1.1】帮助企业创建一个薪资管理数据库，将其命名为"xzgl"，其中的字符集和校对规则保持默认
2	显示数据库	【任务 2.1.2】显示服务器中已经创建的数据库
3	修改数据库	【任务 2.1.3】修改 xzgl 数据库的字符集为 GB2312、校对规则为 GB2312_chinese_ci
4	使用数据库	【任务 2.1.4】使用 xzgl 数据库
5	删除数据库	【任务 2.1.5】删除 xzgl 数据库

学知识技能

一、创建数据库

数据库可以看成存储数据对象的容器。为了分门别类地保存数据，数据库中会有不同的数据对象，例如表、视图、存储过程、触发器等。不同的对象有不同的功能，比如"表"对象专用于数据的存储。

创建数据库是进行企业数据管理的基础，企业如果要实现员工薪资管理的信息化，则需要建立一个企业薪资管理数据库，然后在这个数据库的"表"对象中依次存储薪资管理涉及的所有信息，最终可以实现薪资发放、薪资查询等功能。创建数据库和表的 SQL 语言，称作数据定义语言（DDL）。用户通过 MySQL 可以采用 SQL 语句和图形用户界面两种方式创建、操作数据库和数据对象。用 SQL 语句创建数据库的语法格式如下：

```
CREATE DATABASE  数据库名
    DEFAULT CHARACTER SET 字符集名
    COLLATE 校对规则名;
```

其中，字符集是多个字符的集合，每个字符集包含的字符个数不同。常见字符集包括 ASCII 字符集、GB2312 字符集等。由于数据库中存储的数据大部分都是各种文字，而不同国家文字的字符集不同，所以字符集对数据库的存储、处理性能，以及日后系统的移植、推广都会有影响。无论是 MySQL 数据库还是其他数据库，都存在字符集选择的问题。

> **注意**
>
> 如果在创建数据库时没有正确选择字符集，在后期就可能需要更换字符集，而更换字符集是代价比较高的操作，存在一定的风险。所以，用户应当一开始就选择正确的、合适的字符集，避免后期不必要的调整。

MySQL 8.0 支持 40 多种字符集的 200 多种校对规则，每个字符集有一个默认校对规则。LATIN1 的默认校对规则是 latin1_swedish_ci，GB2312 的默认校对规则是 GB2312_chinese_ci，其中 GB2312 是中国国家标准的简体中文字符集。GB2312 收录简体汉字及一般符号、序号、数字、拉丁字母、日文假名、希腊字母、俄文字母、汉语拼音符号、汉语注音字母等，共 7 445 个图形字符。在 MySQL 中，每一条 SQL 语句都以 ";" 作为结束标志。数据库名表示被创建的数据库的名字，数据库名必须符合以下规则：

- 数据库名必须唯一，建议使用半角英文字母、数字、下画线等；
- 数据库名内不能含有 "/" 及 "." 等非法字符；
- 数据库名最长不能超过 64 字节。

> **说明**
>
> 本项目中共创建 3 个数据库，分别是薪资管理数据库 "xzgl"、量化投资数据库 "lhtz" 和固定资产管理数据库 "gdzc"，其中涉及的员工个人信息及上市企业的各项财务数据均为虚拟数据。当我们把项目四、项目五中有关数据抓取和可视化的内容学完，就可以将上市企业真实的财务数据抓取下来，按照项目二、项目三所学的知识技能进行企业财务分析实战。

【**任务 2.1.1**】帮助企业创建一个薪资管理数据库，将其命名为 "xzgl"，其中的字符集和校对规则保持默认。

创建数据库时，数据库的名称应当符合数据库的命名规则，这里我们将 "薪资管理" 汉语拼音的首字母 "xzgl" 作为数据库名称。在编译窗口录入并运行如下代码，即可完成数据库的创建。

```
CREATE DATABASE xzgl;
```

上述代码创建的数据库采用默认的字符集，并未采用中文字符集，后续需要进行数据库字符集和校对规则的修改。如果创建完数据库后不能在数据库列表看到新建的数据库，则需要刷新服务器。

二、显示数据库

创建好数据库以后，财务人员可以使用 SHOW DATABASES 命令显示服务器中已建立的数据库，其语法格式为：

```
SHOW DATABASES;
```

【任务2.1.2】显示服务器中已经创建的数据库。

在编译窗口录入并运行以下代码，即可显示该服务器上建立的数据库。

```
SHOW DATABASES;
```

该语句的执行结果如图2.1.1所示。我们可以看到该服务器中已有的4个系统数据库和刚刚创建的xzgl用户数据库。

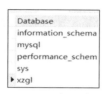

图2.1.1　显示服务器中的数据库

三、修改数据库

数据库创建完成后，如果需要修改数据库的参数，可以使用ALTER DATABASE命令。其语法格式如下：

```
ALTER DATABASE  数据库名
    DEFAULT CHARACTER SET 字符集名
    DEFAULT COLLATE 校对规则名;
```

【任务2.1.3】修改xzgl数据库的字符集为GB2312、校对规则为GB2312_chinese_ci。

在编译窗口录入并运行以下代码即可成功修改数据库。

```
ALTER DATABASE xzgl
    DEFAULT CHARACTER SET GB2312
    DEFAULT COLLATE GB2312_chinese_ci;
```

四、使用数据库

因为MySQL服务器中有多个数据库，可以使用USE命令指定当前数据库。这个语句也可以用来从一个数据库"跳转"到另一个数据库，在用CREATE DATABASE语句创建数据库之后，该数据库不会自动成为当前数据库，需要用USE语句来指定当前数据库。其语法格式如下：

```
USE 数据库名;
```

【任务2.1.4】使用xzgl数据库。

在编译窗口录入并运行以下代码，即可将当前服务器使用的数据库切换到xzgl数据库。

```
USE xzgl;
```

之后的命令都是在xzgl数据库中运行的。

五、删除数据库

使用DROP DATABASE命令可以将已经创建的数据库删除，其语法格式如下：

```
DROP DATABASE 数据库名;
```

【任务2.1.5】删除xzgl数据库。

在编译窗口录入并运行以下代码，即可将xzgl数据库删除。

```
DROP DATABASE xzgl;
```

练知识技能

企业在开展证券投资业务时需要构建一个数据库,用来存放与投资决策相关的重要数据。

【任务 2.1.6】为企业量化投资模块创建一个数据库,将其命名为"lhtz",其中的字符集设置为 GB2312,默认校对规则是 GB2312_chinese_ci。

在编译窗口录入并运行以下代码,即可创建 lhtz 数据库。

```
CREATE DATABASE lhtz
     DEFAULT CHARACTER SET GB2312
     DEFAULT COLLATE GB2312_chinese_ci;
```

固知识技能

一、填空题

1. 下面这段代码的意思是:创建一个叫 _____ 的数据库,该数据库的_____是 GB2312,该数据库的_____ 是 GB2312_chinese_ci。

```
CREATE DATABASE yggz
     DEFAULT CHARACTER SET GB2312
     DEFAULT COLLATE GB2312_chinese_ci;
```

2. use lhtz;代码的作用是_____一个名为 lhtz 的_____。

二、单选题

1. DROP DATABASE mydb1 代码的功能是（　　　）。
   - A. 修改数据库名为 mydb1
   - B. 删除数据库 mydb1
   - C. 使用数据库 mydb1
   - D. 创建数据库 mydb1
2. SHOW DATABASES 代码的功能是（　　　）。
   - A. 修改服务器中的所有数据库
   - B. 删除服务器中的所有数据库
   - C. 显示服务器中的所有数据库
   - D. 创建服务器中的所有数据库

三、编程题（在下面画线处填写正确的代码）

1. 为企业固定资产管理模块创建一个数据库,将其命名为"gdzc",并保持默认的字符集和校对规则。

_____

2. 显示服务器中已经创建的数据库。

_____

3. 修改 gdzc 数据库的字符集为 GB2312,校对规则为 GB2312_chinese_ci。

_____

_____

4. 使用 gdzc 数据库。

_____

5. 删除 gdzc 数据库。

_____

任务二 数据库的重要成员——数据表

动画 2.2

学习目标

【知识目标】掌握数据表的创建、显示、修改、复制、删除等命令的用法。

【技能目标】能在不同业务场景中使用 SQL 语言完成数据表的创建、显示、修改、复制、删除等操作。

【素质目标】正确认识事物之间辩证联系的观点，懂得个体融入社会的重要性，逐步提升沟通能力、团队协作能力和组织管理能力。

德技兼修

大富学长：和现实生活中人们乘坐飞机时把衣物等放在行李箱，然后将行李箱托运存放在飞机的货舱里相似，企业财务管理需要使用的数据也是先存放在数据表中，然后将数据表存放在数据库中。数据库和飞机的货舱相似，一张张数据表就像一个个行李箱，而各种数据就好比行李箱中的衣物。因此可以认为，财务人员工作中使用的薪资数据、报表数据、固定资产折旧数据等存放在数据库中，但是如果要更精确地描述，这些数据其实是存放在数据库的数据表中的。比如企业所有员工的信息，应当存放在员工信息表中。如果一个企业有 400 个员工，那么这个表将会有 400 行员工数据。为了区分存储在表中的 400 个员工信息，需要给数据表设置一个主键列，这个列的所有数据都不能相同。如果表的某列被其他表引用，就把该表被引用的列叫作外键。外键负责实现这一张表与另一张表之间的联系，从而进行更复杂的连接和计算。比如员工薪资表会引用员工信息表的员工编号，来保证员工薪资表里的所有员工必须来自员工信息表，那么员工编号就作为外键连接了两张表。

小强：数据表真抽象，数据表和数据表之间的联系就和现实中事物间的联系一样！所以，既然连数据表都是相关联的，那我也需要融入社会中，不做孤立的个体，多参加社团活动，锻炼团队协作能力。

大富学长：数据库中的数据表是根据我们现实生活中的事物抽象而来的，所以数据表和数据表之间的联系和现实世界事物和事物之间的联系非常相似，每一个大学生都应当锻炼自己的团队协作能力。

来自企业的技能任务

序号	岗位技能要求	对应企业任务
1	创建数据表	【任务 2.2.1】在 xzgl 数据库中创建工作部门情况表 departments 以存放企业所有部门信息，具体结构见表 2.2.1
		【任务 2.2.2】在 xzgl 数据库中创建员工情况表 employees 以存放所有员工信息，具体结构见表 2.2.2
		【任务 2.2.3】在 xzgl 数据库中创建企业员工薪资情况表 salary 以存放各员工的薪资，具体结构见表 2.2.3

续表

序号	岗位技能要求	对应企业任务
2	查询数据表信息	【任务 2.2.4】查看 xzgl 数据库中数据表的情况
3	查询数据表结构	【任务 2.2.5】查看 xzgl 数据库中 departments 表的结构
4	修改数据表结构	【任务 2.2.6】在 xzgl 数据库的 salary 表中添加一列，具体设置见表 2.2.5
5	复制数据表结构	【任务 2.2.7】在 xzgl 数据库中创建 salary_backup 表，其结构和 salary 表的一样
6	删除数据表	【任务 2.2.8】在 xzgl 数据库中删除 salary_backup 表

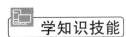 学知识技能

一、创建数据表

关系数据库中，信息存放在二维表中。一个关系数据库包含多个数据表，每个表包含行（记录）和列（字段）；数据库所包含的表之间通常是有关联的，其关联性由主键和外键所体现的参照关系实现；数据库不仅包含表，还包含其他的数据库对象，如视图、存储过程、索引等。

为了能将现实世界的事物存放在数据库中，首先要进行建模，即将现实世界的事物转换成信息世界的实体；再将信息世界的实体转换为数据库世界的数据模型（在关系数据库中叫关系模型）；最后使用 DDL 创建物理格式的物理模型，即数据表。使用 DDL 创建数据表之前，我们需要掌握以下概念。

（一）主键

主键指表中的某一列，该列的值唯一标识一行，每个表必有且仅有一个主键。主键必须唯一，不允许为 NULL 或者重复值，比如企业财务管理系统薪资管理模块中员工情况表 employees 的主键就是员工编号。用 MySQL 命令创建主键的方法有两种，第一种是直接在主键后面输入关键字"PRIMARY KEY"，第二种是在创建表列的最后输入"PRIMARY KEY（主键列名）"。

（二）外键

外键指表中含有的与另外一个表的主键相对应的字段，它用来与其他表建立关联。表与表之间的关联包括一对一关联、一对多关联、多对多关联。

1. 一对一关联

所谓一对一关联，表示 A 表的一条记录只能对应到 B 表的一条记录。在薪资管理模块中，员工薪资表与员工信息表之间的关联就是一对一关联，即一个员工只有一条薪资信息，每条薪资信息也只对应一个员工。

2. 一对多关联

一对多关联表示 A 表的一条记录能对应到 B 表的多条记录，B 表的一条记录只能对应到 A 表的一条记录。在薪资管理模块中，员工的业务部门表与员工信息之间的关联就是一对多关联，即一个业务部门可以有多个员工，一个员工只能在一个业务部门。

3．多对多关联

多对多关联表示 A 表的一条记录能对应到 B 表的多条记录，B 表的一条记录也能对应到 A 表的多条记录。在进销存模块中，企业销售的商品表和客户表之间的关联就是典型的多对多关联，即一个商品可以让多个客户购买，一个客户也可以购买多种商品。使用 MySQL 命令创建外键的方法是：在创建表语句的最后输入"CONSTRAINT 外键约束名 FOREIGN KEY(本表列名）REFERENCES 外表名(外表列名)"。

（三）数据类型

MySQL 的数据主要分为 3 类：数值类型、字符串（字符）类型、日期和时间类型。

1．数值类型

MySQL 支持所有标准 SQL 数值类型。严格数值类型包括 INTEGER 或 INT、SMALLINT、DECIMAL 或 DEC、NUMERIC。近似数值类型包括 FLOAT、REAL、PRECISION。可以在关键字后面的括号内指定数值的显示宽度，例如 INT(4)。MySQL 允许使用 FLOAT(M,D)、REAL(M,D)或 DOUBLE PRECISION(M,D)格式，其中(M,D)表示该值一共显示 M 位数，D 位数位于小数点后面。例如，定义为 FLOAT(7,4)类型的一个列可以显示-999.999 9，共 7 位数，其中有 4 位小数、3 位整数。MySQL 保存值时会进行四舍五入，因此，如果在 FLOAT(7,4)列内插入 999.000 09，近似结果是 999.000 1。在需要精确计算的工作场景，一般使用严格数值类型，如定义为 DECIMAL(9,2)类型的列，表示该列数值总共有 9 位，其中，整数有 7 位，小数有 2 位。

2．字符串类型

字符串类型的数据主要是由字母、汉字、数字符号、特殊符号构成的数据对象，按照字符个数的不同可分为以下几类。

（1）CHAR：列的长度固定为创建表时声明的长度，长度可以为 0～255 的任何值。保存 CHAR 值时，可在它们的右边填充空格以达到指定的长度。在员工情况表 employees 中，如果设定"ename CHAR(8)"，则表示为变量 name 分配了 8 个字符长度，将"卓康"放入该字段时，变量 name 虽然被分配了 8 个字符，但是这 2 个汉字实际占用了 4 个字符。MySQL 会用 4 个空格来填充剩下的 4 个字符，这样会浪费磁盘的存储空间。

（2）VARCHAR：列中的值为可变长度字符串，长度可以为 0～65 535 的任何值。保存 VARCHAR 值时，只保存需要的字符数加 1 个变长字符长度标识即可。在员工情况表 employees 中，如果设定"ename VARCHAR(8)"，将"卓康"放入该字段时，这 2 个汉字实际占用了 4 个字符；MySQL 会再多分配 1 个变长字符长度标识给该字段，数据最后只需要占用磁盘 5 个字符的存储空间。

（3）BLOB：二进制字符串（字节字符串）。这种数据类型用于存储声音、视频、图像等数据。在企业进销存数据库中，库存商品照片的数据类型可以设定为 BLOB。

（4）TEXT：非二进制字符串（字符字符串）。TEXT 类型的列有一个字符集，并且根据字符集的校对规则对值进行排序和比较。在实际应用中，个人履历、奖惩情况、内容简介等的数据类型可设定为 TEXT。员工情况表 employees 中的员工简介也可以设定为 TEXT 类型。

3．日期和时间类型

MySQL 的日期和时间类型有以下几类。

（1）DATE 类型表示日期，输入数据的格式是 yyyy-mm-dd，支持的范围是 1000-01-01

到 9999-12-31。

（2）TIME 类型表示时间，输入数据的格式是 hh:mm:ss，支持的范围是-838:59:59 到 838:59:59。

（3）DATETIME 类型表示日期时间，格式是 yyyy-mm-dd hh:mm:ss，支持的范围是 1000-01-01 00:00:00 到 9999-12-31 23:59:59。

在企业进销存数据库中，原材料采购表的订购时间的数据类型可以设定为 DATETIME 类型。

创建数据表的语法格式如下：

```
CREATE TABLE <表名> (
        <列名1> <数据类型> [该列所需约束],
        <列名2> <数据类型> [该列所需约束],
        …
        [<该表的约束1>,<该表的约束2>,…]
);
```

其中，数据类型是指定义列中存放的数值种类，数据表中的每个列都要求有名称和数据类型。在数据库中创建数据表时，经常会给各列增加一些约束条件，比如：某列数据不允许有空值，就要使用非空值约束；某列数据不能重复，就要使用不可重复约束。其中，约束条件是在数据类型之外添加一种额外的限制。常见约束包括如下几种。

- PRIMARY KEY：主键约束，物理上存储的顺序非空且不能重复。一张表中通常会设置主键，并且只能有一个主键。
- NOT NULL：非空值约束，即该列必须有值，不能存在空值。
- UNIQUE：不可重复约束，即该列值不能存在重复值。
- DEFAULT：设置默认值约束。
- UNSIGNED：无符号约束，即声明该列不允许出现负数。
- AUTO_INCREMENT：自动增长约束，即每添加一条数据，自动在上一条记录数上加 1。该约束通常用于设置主键，且为整数类型，可定义起始值和步长。
- ZEROFILL：用 0 填充，即数值不足位数的用 0 来填充，如 INT(3),5 的值为 005。
- COMMENT：添加注释。
- FOREIGN KEY：外键约束。

【任务 2.2.1】在 xzgl 数据库中创建工作部门情况表 departments 以存放企业所有部门信息，具体结构见表 2.2.1。

表 2.2.1　　　　　　　　工作部门情况表 departments 的结构

列名	数据类型	是否为空	备注
dnum	CHAR(3)	NOT NULL	部门编号，主键
dname	CHAR(20)	NOT NULL	部门名称
dphone	CHAR(10)		部门电话

创建数据表时，数据表的名称、表中数据列的名称最好使用英文小写字母形式，同时每个表都需要设置主键。在 departments 表中设置部门编号来区分数据表的部门信息。在编译窗

口录入并运行以下代码，即可创建 departments 表。

```
USE xzgl;                        /*切换到运行命令的特定数据库*/
CREATE TABLE  departments(
  dnum  CHAR(3) NOT NULL,
  dname  CHAR(20) NOT NULL,
  dphone  CHAR(10),
  PRIMARY KEY(dnum)
);
```

需要注意的是：SQL 语句不区分大小写，语句中创建的数据表的每一列需要用“,”隔开，SQL 语句的末尾需要用“;”来表示语句的结束。此外，departments 表的主键是 dnum，由于主键本身就不能为空，因此上述代码中第三行 dnum 后的关键字“NOT NULL”也可以省略。

【任务 2.2.2】在 xzgl 数据库中创建员工情况表 employees 以存放所有员工信息，具体结构见表 2.2.2。

表 2.2.2　　　　　　　　　　　员工情况表 employees 的结构

列名	数据类型	是否为空	备注
enum	CHAR(6)	NOT NULL	员工编号，主键
ename	CHAR(10)	NOT NULL	员工姓名
education	CHAR(4)	NOT NULL	受教育程度
birthday	DATE	NOT NULL	出生日期
sex	CHAR(2)	DEFAULT '男'	性别
workyears	TINYINT(1)		工作年限
address	VARCHAR(30)		家庭住址
tel	CHAR(12)		电话
dnum	CHAR(3)		部门编号，外键，来自 departments 表

现实生活中，员工的各种信息和员工情况表的列名一一对应，将“enum”设置为唯一表示员工的主键，由于每个员工都会有对应的工作部门，因此员工情况表中还需要引入工作部门情况表的主键“dnum”作为该表的外键。在编译窗口录入并运行以下代码，即可创建 employees 表。

```
CREATE TABLE  employees(
  enum CHAR(6) NOT NULL PRIMARY KEY,
  ename  CHAR(10) NOT NULL,
  education  CHAR(4) NOT NULL,
  birthday  DATE NOT NULL,
  sex  CHAR(2) DEFAULT '男',
  workyears  TINYINT(1),
  address  VARCHAR(30),
  tel  CHAR(12),
  dnum  CHAR(3),
  CONSTRAINT fk_dnum FOREIGN KEY(dnum) REFERENCES departments(dnum)
);
```

该代码直接在主键后面录入“PRIMARY KEY”来设置主键；“NOT NULL”的意思是在录入数据时该列数据必须录入，否则会报错；“DEFAULT '男'”表示在录入数据时如果没有录入该列数据，则自动使用默认值“男”作为该列的数据内容；代码 CONSTRAINT fk_dnum

FOREIGN KEY(dnum) REFERENCES departments(dnum)表示在录入数据时 employees 表的 dnum 列数据来自 departments 表的 dnum 列数据，并将该外键约束命名为"fk_dnum"。

【任务 2.2.3】在 xzgl 数据库中创建企业员工薪资情况表 salary 以存放各个员工的薪资，具体结构见表 2.2.3。

表 2.2.3　　　　　　　　　　员工薪资情况表 salary 的结构

列名	数据类型	是否为空	备注
enum	CHAR(6)	NOT NULL	员工编号，主键，外键
work_day	TINYINT(2)	NOT NULL	工作天数
base_wage	DECIMAL(8,2)	NOT NULL	基本工资
merits_wage	DECIMAL(8,2)		绩效工资
bonus_money	DECIMAL(8,2)		奖金
subsidy_money	DECIMAL(8,2)		津贴
social_base	DECIMAL(8,2)		社保缴纳基数
extra_deduction	DECIMAL(8,2)		专项附加扣除
loss_money	DECIMAL(8,2)		缺勤扣款
payroll	DECIMAL(8,2)		应发工资

员工薪资情况表 salary 的员工编号 enum 来自 employees 表的员工编号 enum，而 enum 既在 salary 表中作为主键唯一标识每一个员工，又作为外键连接 employees 表和 salary 表。在编译窗口录入并运行以下代码，即可创建 salary 表。

```
CREATE TABLE salary(
    enum CHAR(6) NOT NULL PRIMARY KEY,              /*设置主键*/
    work_day TINYINT(2) NOT NULL,                   /*不能为空*/
    base_wage DECIMAL(8,2) NOT NULL,
    merits_wage DECIMAL(8,2),                       /*两位小数，最多6位整数*/
    bonus_money DECIMAL(8,2),
    subsidy_money DECIMAL(8,2),
    social_base DECIMAL(8,2),
    extra_deduction DECIMAL(8,2),
    loss_money DECIMAL(8,2),
    payroll DECIMAL(8,2),
    CONSTRAINT fk_enum FOREIGN KEY(enum) REFERENCES employees(enum)  /*设置外键*/
);
```

二、显示数据表

（一）显示数据表名

显示数据库中的所有数据表的名字的命令，其语法格式为：

```
SHOW TABLES;
```

【任务 2.2.4】查看 xzgl 数据库中数据表的情况。

在编译窗口录入并运行以下代码，即可显示在该数据库中建立的所有数据表情况，如图 2.2.1 所示。

```
SHOW TABLES;
```

Tables_in_xzgl
departments
employees
salary

图 2.2.1　数据库中的数据表情况

（二）显示数据表结构

查看特定数据库中具体的某一个表的结构的命令，其语法格式为：

```
DESCRIBE 或者 DESC  表名;
```

其中，DESC 是 DESCRIBE 的缩写，二者用法相同。

【任务 2.2.5】查看 xzgl 数据库中 departments 表的结构。

在编译窗口录入并运行以下代码，即可显示 departments 表的结构，如图 2.2.2 所示。

```
DESC departments;
```

Field	Type	Null	Key	Default	Extra
dnum	char(3)	NO	PRI	(Null)	
dname	char(20)	NO		(Null)	
dphone	char(10)	YES		(Null)	

图 2.2.2　departments 表的结构

三、修改数据表

ALTER TABLE 用于更改原有表的结构。它可以增加或删减列、创建或取消索引、更改原有列的类型、重新命名列或表。其语法格式如表 2.2.4 所示。

表 2.2.4　修改数据表的语法格式

语法格式	代码功能
ALTER TABLE 表名 ADD COLUMN 列定义;	添加列
ALTER TABLE 表名 ALTER COLUMN 列名 SET DEFAULT 默认值;	修改列默认值
ALTER TABLE 表名 CHANGE COLUMN 旧列名 新列定义;	对列重命名
ALTER TABLE 表名 DROP COLUMN 列名;	删除列
ALTER TABLE 表名 RENAME TO 新表名;	重命名该表

【任务 2.2.6】在 xzgl 数据库的 salary 表中添加一列，具体设置见表 2.2.5。

表 2.2.5　　　　　　　　　　　在员工薪资情况表 salary 中添加列

列名	数据类型	是否为空	备注
per_insurance_fund	DECIMAL(8,2)		三险一金（个人）

在编译窗口录入并运行以下代码即可在 salary 表中添加"三险一金（个人）"列。

```
ALTER TABLE salary
ADD COLUMN  per_insurance_fund DECIMAL(8,2);
```

四、复制数据表

需要构建一个结构和目标表结构一模一样的表时，可以采用复制表的方法来复制现有数据表的结构，其语法格式为：

```
CREATE TABLE 新表名 LIKE 参照表名;
```

【任务 2.2.7】在 xzgl 数据库中创建 salary_backup 表，其结构和 salary 表的一样。

在编译窗口录入并运行以下代码，即可在数据库中复制出一个结构和 salary 表结构一样的 salary_backup 表，且不论原表 salary 是否有数据，数据都不会被复制。

```
CREATE TABLE salary_backup LIKE salary;
```

如果不仅仅构建一个结构相同的表，还需要将表的数据也同时复制过去，在编译窗口录入并运行以下代码，即可在数据库中复制出一个结构和 salary 表结构一样的 salary_backup2 表，且把原表 salary 的数据也复制到新表中。

```
CREATE TABLE salary_backup2 SELECT * FROM salary;
```

五、删除数据表

需要删除一个表时可以使用 DROP TABLE 语句，其语法格式为：

```
DROP  TABLE  表名1 [,表名2, …];
```

这个命令会将表的描述、表的完整性约束、索引及和表相关的权限等全部删除。

【任务 2.2.8】在 xzgl 数据库中删除 salary_backup 表。

在编译窗口录入并运行以下代码，即可删除 salary_backup 表。如果要删除多个表，可将要删除的表用逗号隔开。

```
DROP TABLE salary_backup;
```

 练知识技能

企业在进行证券投资时构建了用于量化投资的数据库，这个数据库用于存放企业证券投资决策的重要数据，比如各个企业的资产负债表、利润表等。

【任务 2.2.9】在 lhtz 数据库中创建上市企业行业分类表 stock_industry，该表的各列数据类型及相关情况如表 2.2.6 所示。

表 2.2.6　　　　　　　　　　　行业分类表 stock_industry 的结构

列名	数据类型	是否为空	备注
ts_code	CHAR(6)	NOT NULL	证券代码，主键
code_name	CHAR(8)	NOT NULL	股票名称
industry	VARCHAR(8)	NOT NULL	申万行业一级

在编译窗口录入并运行以下代码，即可完成企业行业分类表的创建。

```
USE lhtz;                          /* 将当前操作数据库切换到 lhtz 数据库*/
CREATE TABLE stock_industry(
    ts_code CHAR(6) NOT NULL PRIMARY KEY,              /*设置主键*/
    code_name CHAR(8) NOT NULL,
    industry VARCHAR(8) NOT NULL
);
```

【任务 2.2.10】在 lhtz 数据库创建利润表 income，该表的各列数据类型及相关情况如表 2.2.7 所示。

表 2.2.7　　　　　　　　　　　利润表 income 的结构

列名	数据类型	是否为空	备注
ts_code	CHAR(6)	NOT NULL	证券代码，联合主键外键，来自 stock industry 表
end_date	DATE	NOT NULL	报告期，联合主键
oper_income	DECIMAL(10,2)		营业收入
oper_cost	DECIMAL(10,2)		营业成本
tax_surchg	DECIMAL(10,2)		税金及附加
sell_exp	DECIMAL(10,2)		销售费用
admin_exp	DECIMAL(10,2)		管理费用
fin_exp	DECIMAL(10,2)		财务费用
operate_profit	DECIMAL(10,2)		营业利润
non_oper_income	DECIMAL(10,2)		营业外收入
non_oper_cost	DECIMAL(10,2)		营业外支出
total_profit	DECIMAL(10,2)		利润总额
income_tax	DECIMAL(10,2)		所得税费用
net_profit	DECIMAL(10,2)		净利润

在编译窗口录入并运行以下代码，即可完成利润表的创建。

```
CREATE TABLE income(                /* 在 lhtz 数据库中创建 income 表 */
    ts_code CHAR(6) NOT NULL,       /* 按照表的结构依次创建数据表的各个列 */
    end_date DATE NOT NULL,
    oper_income DECIMAL(10,2),
    oper_cost DECIMAL(10,2),
    tax_surchg DECIMAL(10,2),
    sell_exp DECIMAL(10,2),
    admin_exp DECIMAL(10,2),
    fin_exp DECIMAL(10,2),
    operate_profit DECIMAL(10,2),
    non_oper_income DECIMAL(10,2),
    non_oper_cost DECIMAL(10,2),
    total_profit DECIMAL(10,2),
    income_tax DECIMAL(10,2),
    net_profit DECIMAL(10,2),
    PRIMARY KEY(ts_code,end_date),
```

```
   CONSTRAINT fk_income FOREIGN KEY(ts_code) REFERENCES stock_industry(ts_code));
/*证券代码和报告期联合作为利润表的主键*/
```

【任务 2.2.11】在 lhtz 数据库中创建资产负债表 balancesheet，该表的各列数据类型及相关情况如表 2.2.8 所示。

表 2.2.8 资产负债表 balancesheet 的结构

列名	数据类型	是否为空	备注
ts_code	CHAR(6)	NOT NULL	证券代码，联合主键，外键，来自 stock industry 表
end_date	DATE	NOT NULL	报告期，联合主键
cash_all	DECIMAL(10,2)		货币资金
receivable	DECIMAL(10,2)		应收账款
advances_suppliers	DECIMAL(10,2)		预付账款
inventories	DECIMAL(10,2)		存货
tol_cur_assets	DECIMAL(10,2)		流动资产合计
long_equity	DECIMAL(10,2)		长期股权投资
fixed_assets	DECIMAL(10,2)		固定资产
intangible_assets	DECIMAL(10,2)		无形资产
non_cur_assets	DECIMAL(10,2)		非流动资产合计
assets	DECIMAL(10,2)		资产合计
short_debt	DECIMAL(10,2)		短期借款
accounts_pay	DECIMAL(10,2)		应付账款
payroll	DECIMAL(10,2)		应付职工薪酬
interest	DECIMAL(10,2)		应付利息
cur_liabilities	DECIMAL(10,2)		流动负债合计
non_cur_liabilities	DECIMAL(10,2)		非流动负债合计
liabilities	DECIMAL(10,2)		负债合计
owners_equity	DECIMAL(10,2)		所有者权益合计

在编译窗口录入并运行以下代码，即可完成资产负债表的创建。

```
CREATE TABLE balancesheet(          /* 在 lhtz 数据库中创建 balancesheet 表 */
  ts_code CHAR(6) NOT NULL,         /* 按照表的结构依次创建数据表的各个列 */
  end_date DATE NOT NULL,
  cash_all DECIMAL(10,2),
  receivable DECIMAL(10,2),
  advances_suppliers DECIMAL(10,2),
  inventories DECIMAL(10,2),
  tol_cur_assets DECIMAL(10,2),
  long_equity DECIMAL(10,2),
  fixed_assets DECIMAL(10,2),
```

```
intangible_assets DECIMAL(10,2),
non_cur_assets DECIMAL(10,2),
assets DECIMAL(10,2),
short_debt DECIMAL(10,2),
accounts_pay DECIMAL(10,2),
payroll DECIMAL(10,2),
interest DECIMAL(10,2),
cur_liabilities DECIMAL(10,2),
non_cur_liabilities DECIMAL(10,2),
liabilities DECIMAL(10,2),
owners_equity DECIMAL(10,2),
PRIMARY KEY(ts_code,end_date),
CONSTRAINT fk_balance FOREIGN KEY(ts_code) REFERENCES stock_industry(ts_code));
/*证券代码和报告期联合做资产负债表的主键*/
```

【任务 2.2.12】为 lhtz 数据库中的资产负债表 balancesheet、利润表 income 添加列，该列的数据类型及相关情况如表 2.2.9 所示。

表 2.2.9 添加列的属性

列名	数据类型	是否为空	备注
industry	VARCHAR(20)	NOT NULL	企业所属行业

在编译窗口录入并运行以下代码，即可完成两个数据表中数据列的添加。

```
ALTER TABLE balancesheet
ADD COLUMN  industry VARCHAR(20) NOT NULL;
ALTER TABLE income
ADD COLUMN  industry VARCHAR(20) NOT NULL;
```

【任务 2.2.13】删除 lhtz 数据库中资产负债表 balancesheet 和利润表 income 中的 industry 列。

在编译窗口录入并运行以下代码，即可删除两个数据表中的 industry 列。

```
ALTER TABLE balancesheet
DROP COLUMN  industry;
ALTER TABLE income
DROP COLUMN  industry;
```

【任务 2.2.14】查看 lhtz 数据库中 income 表的结构。

在编译窗口录入并运行以下代码，即可查看修改后的 income 表的结构。

```
DESC income;
```

【任务 2.2.15】备份 lhtz 数据库中 income 表的结构，备份表的名称为 income_backup。

在编译窗口录入并运行以下代码，即可备份 income 表的结构。

```
CREATE TABLE income_backup LIKE income;
```

【任务 2.2.16】删除 lhtz 数据库中的 income_backup 表。

在编译窗口录入并运行以下代码，即可删除 income_backup 表。

```
DROP TABLE income_backup;
```

固知识技能

一、填空题

1. 如下代码创建的数据表的名称是 _____，主键是 _____，外键是 _____，在录入数据时如果没有录入 tel 的值，则使用值_____。

```
CREATE TABLE students (
  snum CHAR(6) NOT NULL PRIMARY KEY,
  sname CHAR(10) NOT NULL,
  tel CHAR(12) DEFAULT '13900090001',
  cnum CHAR(3),
  FOREIGN KEY (cnum) REFERENCES class(cnum)
);
```

2. 如下代码创建的数据表的名称为 _____ ，有_____个列。其中，chinese 列为语文成绩列，该列的数据类型为 DECIMAL(5, 3)，表示该列有_____位小数，_____位整数。

```
CREATE TABLE chengji (
  snum VARCHAR(6) NOT NULL,
  chinese DECIMAL(5, 3) ,
  math DECIMAL(5, 3),
  english DECIMAL(5, 3) ,
  PRIMARY KEY (snum)
);
```

二、单选题

1. 建表语句中 NOT NULL 表示的含义是（   ）。

    A. 允许空格   B. 非空约束

    C. 不允许写入数据   D. 不允许读取数据

2. 建表语句中的 DEFAULT '女'表示的含义是（   ）。

    A. 如果该列没有录入数据，则默认为女

    B. 不管该列有没有录入数据都默认为女

    C. 如果该列没有录入数据，则默认为非女

    D. 不管该列有没有录入数据都默认为非女

三、编程题

1. 在 gdzc 数据库中创建固定资产折旧表 fixed_assets_depreciation，该表的各列数据类型及相关情况如表 2.2.10 所示。

表 2.2.10   固定资产折旧表 fixed_assets_depreciation 的结构

列名	数据类型	是否为空	备注
assets_no	VARCHAR(10)	NOT NULL	固定资产编号，主键
assets_name	VARCHAR(50)	NOT NULL	固定资产名称
classification	VARCHAR(30)		固定资产类别
amount	INT(11)	NOT NULL	数量
unit	VARCHAR(10)		单位
user_department	VARCHAR(30)		使用部门
buy_time	DATE	NOT NULL	购买日期
original_value	DECIMAL(10,2)	NOT NULL	原值
depreciation_value	DECIMAL(10,2)		月折旧
impairment	DECIMAL(10,2)		固定资产减值
used_status	VARCHAR(10)		使用状态
LIMIT_years	INT(11)		使用年限
rest_rate	DECIMAL(10,2)		残值率

_____

_____

_____

_____

_____

_____

_____

_____

_____

2. 查看 gdzc 数据库中数据表的情况。

_____

3. 在 gdzc 数据库的 fixed_assets_depreciation 表添加一列，具体情况见表 2.2.11。

表 2.2.11　　　　　　　fixed_assets_depreciation 表中添加的列属性

列名	数据类型	是否为空	备注
origin	VARCHAR(20)		原始信息

_____

_____

4. 删除 fixed_assets_depreciation 表的字段 origin。

_____

_____

任务三　向数据表中插入财务数据

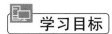 **学习目标**

【知识目标】掌握不给出列名的单行数据插入、多行数据插入方法，以及给出列名的单行数据插入、多行数据插入方法。

【技能目标】能在适当的业务场景中使用 SQL 语言完成不给出列名的单行数据插入、多行数据插入，以及给出列名的单行数据插入、多行数据插入。

动画 2.3

【素质目标】正确理解量变与质变的辩证关系，认真学习科学文化知识，不断积累，成为技术和思想过硬的国家栋梁。

德技兼修

小强：每次学习之前我都会提前预习，今天要学习财务数据的插入了，感觉每天都在进步。

大富学长："不积跬步，无以至千里；不积小流，无以成江海。"我们国家越来越强大，也是几代人不断努力和奋斗的结果。你们年轻人要扎实学好基本功，向下扎根，将来就是一棵无畏风雨的大树。将数据表建立以后，就可以将相关的数据存入数据表中。比如，财务人员要进行企业的薪资管理，那么存放员工信息的数据表、存放部门信息的数据表、存放薪资信息的数据表都应该保存对应的员工数据、部门数据、薪资数据。虽然有图形化的录入数据界面，但是如果我们要使用 Python 等编程语言把抓取到的数据存入数据库，就必须要用指定命令实现。

来自企业的技能任务

序号	岗位技能要求	对应企业任务
1	不给出列名的单行数据插入	【任务 2.3.1】使用"不给出列名的单行数据插入"技能向 xzgl 数据库的 departments 表插入财务部的信息
2	不给出列名的多行数据插入	【任务 2.3.2】使用"不给出列名的多行数据插入"技能向 xzgl 数据库的 departments 表插入其他部门的信息
		【任务 2.3.3】使用"不给出列名的多行数据插入"技能向 xzgl 数据库的 employees 表插入多条员工信息
3	给出列名的单行数据插入	【任务 2.3.4】使用"给出列名的单行数据插入"技能向 xzgl 数据库的 employees 表插入员工"唐卓康尔"的信息
4	给出列名的多行数据插入	【任务 2.3.5】使用"给出列名的多行数据插入"技能向 xzgl 数据库的 salary 表插入员工薪资信息

学知识技能

创建了数据库和数据表后，下一步就是向表中插入数据。通过 INSERT 语句可以向表中插入一行或多行数据，其语法格式和描述如表 2.3.1 所示。

表 2.3.1　　　　　　　向表中插入数据的语法格式及功能

语法格式	描述
INSERT INTO 表名 VALUES (…);	不给出列名的单行数据插入，要求插入数据的列和表列一一对应，插入一行数据
INSERT INTO 表名 VALUES (…),(…),(…);	不给出列名的多行数据插入，要求插入数据的列和表列一一对应，插入的多行数据用"，"隔开
INSERT INTO 表名(列名 1,列名 2,列名 3) VALUES (列 1 数据,列 2 数据,列 3 数据);	给出列名的单行数据插入，当插入数据的列数小于表的列数时使用，插入一行数据
INSERT INTO 表名(列名 1,列名 2,列名 3) VALUES (列 1 数据,列 2 数据,列 3 数据), (列 1 数据,列 2 数据,列 3 数据);	给出列名的多行数据插入，当插入数据的列数小于表的列数时使用，插入的多行数据用"，"隔开

如果给表的全部列插入数据，列名可以省略。如果给表的部分列插入数据，需要指定这些列的列名。对于没有指定的列，它们的值根据列默认值或有关属性来确定。MySQL 处

理的原则如下。

（1）具有 IDENTITY 属性的列，系统生成序号值来唯一标识列。

（2）具有默认值的列，其值为默认值。

（3）没有默认值的列，若允许为空值，则其值为空值；若不允许为空值，则报错。

（4）类型为 TIMESTAMP 的列，系统自动赋值。

【任务 2.3.1】使用"不给出列名的单行数据插入"技能向 xzgl 数据库的 departments 表插入财务部的信息，具体如表 2.3.2 所示。

表 2.3.2　　　　　　　　　　　　向 departments 表插入的单行数据

部门编号	部门名称	部门电话
dnum	dname	dphone
1	财务部	88657641

向数据表插入单行数据时，如果表的列数和插入数据的列数相同，在编写代码时可以省略表的列名。departments 表有 3 列，插入的数据正好也有 3 列，因此可以省略表的列名。在编译窗口录入并运行以下代码，即可向表插入数据。需要注意的是，在 MySQL 中，数值类型的列在插入值时是直接插入的，而字符串（字符）类型、日期和时间类型的列，其值在插入时要放在单引号或双引号中进行。

```
INSERT INTO departments VALUES ('1', '财务部', '88657641');
```

【任务 2.3.2】使用"不给出列名的多行数据插入"技能向 xzgl 数据库的 departments 表插入其他部门的信息，具体如表 2.3.3 所示。

表 2.3.3　　　　　　　　　　　　向 departments 表插入的多行数据

部门编号	部门名称	部门电话
dnum	dname	dphone
2	行政部	88657642
3	经理办公室	88657643
4	生产部	88657644
5	市场部	88657645
6	安全监察部	88657646

向数据表插入多行数据时，如果表的列数和插入数据的列数相同，在编写代码时也可以省略表的列名。departments 有 3 列，插入的数据正好也有 3 列，因此可以省略表的列名，其中，多行数据之间用","隔开。在编译窗口录入并运行以下代码，即可向表插入多行数据。

```
INSERT INTO  departments VALUES ('2', '行政部', '88657642'),
                  ('3', '经理办公室', '88657643'),
                  ('4', '生产部', '88657644'),
                  ('5', '市场部','88657645'),
                  ('6', '安全监察部', '88657646');
```

【任务 2.3.3】使用"不给出列名的多行数据插入"技能向 xzgl 数据库的 employees 表插入多条员工信息，具体如表 2.3.4 所示。

表 2.3.4 向 employees 表插入的多条数据

员工编号	员工姓名	受教育程度	出生日期	性别	工作年限	家庭住址	电话	部门编号
enum	ename	education	birthday	sex	workyears	address	tel	dnum
4003	李贞雅	本科	1990-07-09	女	6	遥临巷 115 号	13987657101	4
5002	贺永念	本科	1984-09-04	男	8	田家湾 10 号	13987657103	5

由于插入数据的列数和表的列数相同，因此可以采用"不给出列名的多行数据插入"技能完成该项任务，多列之间使用"，"隔开。在编译窗口录入并运行以下代码，即可向表插入多条员工信息。

```
INSERT INTO employees VALUES('4003','李贞雅','本科','1990-07-09','女',6,'遥临巷115号','13987657101','4'),('5002','贺永念','本科','1984-09-04','男',8,'田家湾10号','13987657103','5');
```

【任务 2.3.4】使用"给出列名的单行数据插入"技能向 xzgl 数据库的 employees 表插入员工"唐卓康尔"的信息，具体如表 2.3.5 所示。

表 2.3.5 向 employees 表插入的单行数据

员工编号	员工姓名	受教育程度	出生日期	性别	工作年限	家庭住址	电话	部门编号
enum	ename	education	birthday	sex	workyears	address	tel	dnum
5003	唐卓康尔	硕士	1999-12-07	男	0	北京街 10 号	13987432145	

向数据表插入单行数据时，如果表的列数和插入数据的列数不同，在编写代码时不能省略表的列名。比如 employees 有 9 列，而插入的员工数据中，因为该员工尚未分配部门，所以 dnum 列空缺；同时，该员工的性别和默认性别相同，所以插入数据时可以使用默认性别。因此，只需要插入 7 列数据。在编译窗口录入并运行以下代码，即可向给出列名的表插入单行数据。

```
INSERT INTO employees(enum,ename,education,birthday,workyears,address,tel) VALUES ('5003','唐卓康尔','硕士','1999-12-07',0,'北京街10号','13987432145');
```

【任务 2.3.5】使用"给出列名的多行数据插入"技能向 xzgl 数据库的 salary 表插入员工薪资信息，具体如表 2.3.6 所示。

表 2.3.6 向 salary 表插入的多行数据 金额单位：元

员工编号	工作天数	基本工资	绩效工资	奖金	津贴	社保缴纳基数	专项附加扣除
enum	work_day	base_wage	merits_wage	bonus_money	subsidy_money	social_base	extra_deduction
4003	22	5 000	700	4 000	300	9 740	0
5002	22	3 000	300	3 500	800	7 340	400

企业员工的薪资数据列包含两部分，第一部分为每月录入的数据，第二部分为每月月末根据每月录入数据计算得到的数据，因此，第一部分数据需要由财务人员插入，而第二部分数据需要设置相关算法进行集合计算。在编译窗口录入并运行以下代码，即可向表中插入给出列名的多行员工薪资数据。

```
INSERT INTO salary(enum,work_day,base_wage,merits_wage,bonus_money,subsidy_
money, social_base,extra_deduction) VALUES ('4003',22,5000,700,4000,300,9740,0),
('5002',22,3000,300,3500,800,7340,400);
```

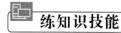

练知识技能

【任务 2.3.6】在 lhtz 数据库的 stock_industry 表中插入证券代码为"300123"的上市企业
"亚光科技",所属行业为"国防军工"。

在编译窗口录入并运行以下代码,即可向 stock_industry 表插入数据。

```
INSERT INTO stock_industry(ts_code,code_name,industry)
VALUES('300123','亚光科技','国防军工');
```

【任务 2.3.7】在 lhtz 数据库的 income 表中插入证券代码为"300123"的上市企业 2021
年的利润表数据,如表 2.3.7 所示。

表 2.3.7　　　　　　　　　　　　　　利润表数据　　　　　　　　　　　　金额单位:万元

证券代码	报告期	营业收入	营业成本	税金及附加	销售费用	管理费用	财务费用	营业外收入	营业外支出
ts_code	end_date	oper_income	oper_cost	tax_surchg	sell_exp	admin_exp	fin_exp	non_oper_income	non_oper_cost
300123	20211231	900	300	34	58	100	50	200	89

在编译窗口录入并运行以下代码,即可向 income 数据表插入数据。

```
INSERT INTO income(ts_code,end_date,oper_income,oper_cost,tax_surchg,sell_exp,
admin_exp, fin_exp,non_oper_income,non_oper_cost)
VALUES('300123','20211231',900,300,34,58,100,50,200,89);
```

【任务 2.3.8】在 lhtz 数据库的 balancesheet 表中插入证券代码为"300123"的上市企业
2021 年的资产负债表数据,如表 2.3.8 所示。

表 2.3.8　　　　　　　　　　　　　　资产负债表数据　　　　　　　　　　金额单位:万元

证券代码	报告期	货币资金	应收账款	预付账款	存货	长期股权投资	固定资产	无形资产	短期借款	应付账款	应付职工薪酬	应付利息
ts_code	end_date	cash_all	receivable	advances_suppliers	inventories	long_equity	fixed_assets	intangible_assets	short_debt	accounts_pay	payroll	interest
300123	20211231	500	1000	200	800	1 300	1 500	50	200	600	1 050	500

在编译窗口录入并运行以下代码,即可向 balancesheet 数据表插入数据。

```
INSERT INTO balancesheet(ts_code,end_date,cash_all,receivable,advances_suppliers,
inventories,long_equity,fixed_assets,intangible_assets,short_debt,accounts_pay,
payroll,interest)
VALUES('300123','20211231',500,1000,200,800,1300,1500,50,200,600,1050,500);
```

固知识技能

一、填空题

1.请对代码 INSERT INTO xs VALUES('081101','王林','计算机',1,'1990-02-10',
50,NULL,NULL);进行适当解释。

(1)该代码完成的是向表_____ 数据的操作。

（2）该代码操作的表的名称是＿＿＿＿＿＿＿＿。

2. 请对代码 INSERT INTO department（dnum,dname,dphone）VALUES('008', '会计学院','0731-88116465');进行适当的解释：

（1）该代码进行操作的表的名称是＿＿＿＿＿＿＿＿。

（2）该表中插入数据的列名分别是＿＿＿＿＿，＿＿＿＿＿，＿＿＿＿＿。

二、单选题

1. 向数据表中插入记录的 SQL 关键字是（　　　）。

  A. DELETE   B. UPDATE   C. INSERT   D. SELECT

2. 下面的 SQL 语句应补充的关键字是（　　　）。

  ＿＿＿＿ INTO client (s_name)＿＿＿＿('贺亚平')

  A. UPDATE, VALUES   B. INSERT, VALUE

  C. INSERT, VALUES   D. DELETE, LIKE

三、编程题

在 gdzc 数据库的 fixed_assets_depreciation 表中插入表 2.3.9 所示的固定资产数据。请将代码写在下面的横线上。

表 2.3.9   固定资产数据   金额单位：元

固定资产编号	固定资产名称	固定资产类别	数量	单位	使用部门	购买日期	原值	月折旧	固定资产减值	使用状态	使用年限	残值率
assets_no	assets_name	classification	amount	unit	user_department	buy_time	original_value	depreciation_value	impairment	used_status	limit_years	rest_rate
1010001	办公楼	房屋建筑物	1	栋	行政部	2018-08-12	5 000 000	448 611.11		正在使用	30	0.05

任务四　修改数据表中的财务数据

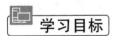 **学习目标**

【知识目标】掌握有 WHERE 子句和没有 WHERE 子句的表数据修改方法。

【技能目标】能在适当的业务场景中使用 SQL 语言完成有 WHERE 子句和没有 WHERE 子句的表数据修改。

动画 2.4

【素质目标】培养执着专注、精益求精、一丝不苟、追求卓越的工匠精神，认真对待数据修改和清洗工作。

德技兼修

大富学长：在企业实务中，企业先建立用于财务管理的数据库，再建立存放数据的数据表，然后将数据存入数据表，接下来可能会遇到对数据表的数据进行更新、修改的场景。比如，一个员工由于技能级别提升，由原来的初级晋升到中级，因此他的薪资需要增加，这个时候就需要使用修改语句对员工薪资情况表中的数据进行修改。我们在对这些数据表中的数据进行修改时，一定要秉承执着专注、精益求精、一丝不苟、追求卓越的工匠精神。数据表中的数据对企业而言非常重要，是企业进行数据分析的基础，一定不能出错。

小强：我国自古就有尊崇和弘扬工匠精神的优良传统，瓷器、丝绸、家具等精美制品和许多庞大壮观的工程都展示了我们先进的工艺水平，这些都离不开技术人员精益求精的工匠精神。我们这一代年轻人一定会将这种精神延续下去，认真踏实学好技术。

来自企业的技能任务

序号	岗位技能要求	对应企业任务
1	有 WHERE 子句的表数据修改方法	【任务 2.4.1】财务人员在核对薪资管理数据时发现，员工编号 enum 是"4003"的员工，其工作天数 work_day 应该是 21 天，请修改 salary 表中相应员工的数据
2	没有 WHERE 子句的表数据修改方法	【任务 2.4.2】在 xzgl 数据库的 salary 表中，通过公式计算该表所有员工的缺勤扣款 loss_money 列数据，其中：缺勤扣款=(工作天数-22)×400
		【任务 2.4.3】在 xzgl 数据库的 salary 表中，通过公式计算该表所有员工的应发工资 payroll 列数据、三险一金（个人）per_insurance_fund 列数据，其中： 应发工资=基本工资+绩效工资+奖金+津贴-缺勤扣款 三险一金（个人）=社保缴纳基数×0.03

特别说明：

（1）从本任务开始，3 个案例数据库的数据表中都新增了数据。

（2）后续每次任务的操作起点都是本修改任务完成后的数据集。

学知识技能

在数据表中插入初始数据后，财务人员可以使用相关公式对数据表中需要计算的数据列统一计算，然后得出结果。如果在进行数据检查时发现特定数据需要修改，可以通过修改语句完成。

要修改表中的数据，可以使用 UPDATE 语句。UPDATE 语句可以用来修改一个表，也可以用来修改多个表。修改一个表时，其语法格式如表 2.4.1 所示。

表 2.4.1　　　　　　　　　　修改表数据语法格式

语法格式	代码功能
UPDATE　表名 SET 列名 1=表达式 1,列名 2=表达式 2,…;	修改数据表中的所有数据，令指定列数值等于表达式的值。如果指定多个列，则列与列之间用","隔开
UPDATE　表名 SET　列名 1=表达式 1,列名 2=表达式 2,… WHERE　条件;	修改数据表中满足 WHERE 条件的数据，令指定列数值等于表达式的值。如果指定多个列，则列与列之间用","隔开

上述语法格式中，SET 子句要根据 WHERE 子句中指定的条件对符合条件的数据行进行修改。若语句中不设定 WHERE 子句，则修改所有行。若同时修改所在数据行的多个列值，则列与列之间用"，"隔开。

【任务 2.4.1】财务人员在核对薪资管理数据时发现，员工编号 enum 是"4003"的员工，其工作天数 work_day 应该是 21 天，请修改 salary 表中相应员工的数据。

在这个业务场景中，需要修改员工编号是"4003"的员工的工作天数，所以需要使用 WHERE 子句。在编译窗口录入并运行以下代码，即可对 4003 号员工的工作天数进行修改。

```
UPDATE salary
SET work_day=21
WHERE enum='4003';
```

【任务 2.4.2】在 xzgl 数据库的 salary 表中，通过公式计算该表所有员工的缺勤扣款 loss_money 列数据，其中：

$$缺勤扣款=(工作天数-22)\times400$$

该业务场景中，需要对数据表的所有数据进行修改，因此不需要使用 WHERE 子句。在编译窗口录入并运行如下代码，即可将 salary 表中所有员工的缺勤扣款列都进行计算。

```
UPDATE salary
SET loss_money=(22- work_day)*400;
```

【任务 2.4.3】在 xzgl 数据库的 salary 表中，通过公式计算该表所有员工的应发工资 payroll 列数据、三险一金（个人）per_insurance_fund 列数据，其中：

$$应发工资=基本工资+绩效工资+奖金+津贴-缺勤扣款$$

$$三险一金（个人）=社保缴纳基数\times0.03$$

由于需要对整张数据表所有员工的应发工资列、三险一金（个人）列的数据进行计算、修改，因此不需要使用 WHERE 子句；同时，由于需要计算两个列的数据，因此在录入计算公式时，两个公式需要使用"，"隔开。在编译窗口录入并运行如下代码，即可修改 salary 表中所有员工的应发工资列数据、三险一金（个人）列数据。

```
UPDATE salary
SET payroll=base_wage+merits_wage+bonus_money+subsidy_money- loss_money, per_
insurance_fund=social_base*0.03;
```

练知识技能

【任务 2.4.4】依据利润表计算公式，完成 lhtz 数据库的 income 表中营业利润列 operate_profit、利润总额列 total_profit、所得税费用列 income_tax、净利润列 net_profit 数据的计算。相关公式为：

$$营业利润=营业收入-营业成本-税金及附加-销售费用-管理费用-财务费用$$

$$利润总额=营业利润+营业外收入-营业外支出$$

$$所得税费用=利润总额\times0.25$$

$$净利润=利润总额-所得税费用$$

在编译窗口录入并运行如下代码，即可修改 income 表中需要计算的所有列数据。

```
UPDATE income
SET operate_profit=oper_income-oper_cost-tax_surchg-sell_exp-admin_exp-fin_exp,
    total_profit=operate_profit+non_oper_income-non_oper_cost,
```

```
income_tax=total_profit*0.25,
 net_profit=total_profit-income_tax;
```

【任务 2.4.5】依据资产负债表计算公式，完成 lhtz 数据库的 balancesheet 表中流动资产合计列 tol_cur_assets、非流动资产合计列 non_cur_assets、资产合计列 assets、流动负债合计列 cur_liabilities、负债合计列 liabilities、所有者权益合计列 owners_equity 数据的计算，其中相关公式为：

$$流动资产合计=货币资金+应收账款+预付账款+存货$$
$$非流动资产合计=长期股权投资+固定资产+无形资产$$
$$资产合计=流动资产合计+非流动资产合计$$
$$流动负债合计=短期借款+应付账款+应付职工薪酬+应付利息$$
$$负债合计=流动负债合计+非流动负债合计$$
$$所有者权益合计=资产合计-负债合计$$

在编译窗口录入并运行如下代码，即可修改 balancesheet 表中需要计算的所有列数据。

```
UPDATE balancesheet
SET tol_cur_assets=cash_all+receivable+advances_suppliers+inventories,
    non_cur_assets=long_equity+fixed_assets+intangible_assets,
    assets=tol_cur_assets+non_cur_assets,
    cur_liabilities=short_debt+accounts_pay+payroll+interest,
    liabilities=cur_liabilities+non_cur_liabilities,
    owners_equity=assets-liabilities;
```

 **固知识技能**

一、单选题

1. 代码 UPDATE student SET s_name ='王军'的执行结果是（　　　　）。

   A. 只对姓名为"王军"的记录进行更新

   B. 把表的名称改为"s_name"

   C. 将表中的所有人姓名都更新为"王军"

   D. 语句不完整，不能执行

2. 修改表记录的 SQL 语句关键字是（　　　　）。

   A. DELETE　　　　B. UPDATE　　　　C. INSERT　　　　D. SELECT

二、编程题

1. 在 gdzc 数据库的 fixed_assets_depreciation 表中，将编号为"1020001"的固定资产使用状态设置为"闲置"。

_____

_____

2. 在 gdzc 数据库的 fixed_assets_depreciation 表中，将编号为"1020001"的固定资产使用部门设置为"生产部"。

_____

_____

任务五　删除数据表中的财务数据

动画 2.5

学习目标

【知识目标】掌握有 WHERE 子句的表数据删除、同时删除两张表的数据、使用 TRUNCATE TABLE 语句删除表数据、没有 WHERE 子句的表数据删除方法。

【技能目标】能在适当的业务场景中使用 SQL 语言完成有 WHERE 子句的表数据删除、同时删除两张表的数据、使用 TRUNCATE TABLE 语句删除表数据、没有 WHERE 子句的表数据删除。

【素质目标】对待事物能够"取其精华，去其糟粕"，能够辩证地看待问题，努力提升个人专业能力水平。

德技兼修

大富学长："取其精华，去其糟粕"讲的是吸取事物中好的、有用的部分，舍弃事物中坏的、无用的部分。我们要学会从中华优秀传统文化中汲取智慧和力量，古为今用，固本培元，磨砺心性。在企业财务相关的数据库中，随着业务量的增长和业务类型的变化，数据表中会有越来越多的数据，同时也会产生非常多的无效数据，占用服务器中大量的存储资源。今天我们要学习的技能就是删除数据表中的无效数据。

小强：学长的"扬精华、弃糟粕、修己身、学技能、兴中华"这番话，我们已牢记于心，必定付诸行动。

来自企业的技能任务

序号	岗位技能要求	对应企业任务
1	有 WHERE 子句的单表数据删除	【任务 2.5.1】员工编号 enum 为"1002"的员工因为个人原因离职，该员工的所有数据需要被删除，请帮助财务人员将该员工在 salary 表中的相关数据删除，再将其在 employees 表中的相关数据删除
2	同时删除两张表的数据	【任务 2.5.2】员工编号 enum 为"2002"的员工因为个人原因离职，该员工的所有数据需要被删除，请帮助财务人员将该员工在 employees 表和 salary 表中的相关数据同时删除
3	使用 TRUNCATE TABLE 语句删除表数据	【任务 2.5.3】如果某种情况下需要将 salary 表的数据全部删除，请使用 TRUNCATE TABLE 语句完成
4	没有 WHERE 子句的表数据删除	【任务 2.5.4】如果某种情况下需要将 employees 表的数据全部删除，请使用没有 WHERE 子句的表数据删除语句完成

学知识技能

在 MySQL 中，可以使用 DELETE 语句删除表中的一行或者多行数据。除了使用 DELETE

语句从单个或多个表中删除数据，还可以使用 TRUNCATE TABLE 语句删除指定表中的所有数据，具体语法格式如表 2.5.1 所示。

表 2.5.1　　　　　　　　　　　删除表数据语法格式

语法格式	代码功能
DELETE FROM　表名;	删除单个数据表中的所有数据
DELETE　表名 1,表名 2,… FROM　表名 1,表名 2,… WHERE　条件（可以有也可以没有）;	删除多个数据表中的数据。若有 WHERE 条件子句，则删除满足 WHERE 条件的数据；若没有，则删除数据表中的全部数据
TRUNCATE TABLE 表名;	删除指定表中的所有数据

TRUNCATE TABLE 语句的功能与不带 WHERE 子句的 DELETE 语句的功能相同，二者均可删除表中的全部行，但 TRUNCATE TABLE 删除数据的速度比 DELETE 快，且使用的系统资源和事务日志资源较少。DELETE 语句每次删除一行数据，并在事务日志中为所删除的每行数据记录一项日志。而 TRUNCATE TABLE 通过释放存储表数据所用的数据页来删除数据，并且只在事务日志中记录页的释放。对于参与了索引和视图的表，不能使用 TRUNCATE TABLE 语句删除数据，而应使用 DELETE 语句删除。

【任务 2.5.1】员工编号 enum 为"1002"的员工因为个人原因离职，该员工的所有数据需要被删除，请帮助财务人员将该员工在 salary 表中的相关数据删除，再将其在 employees 表中的相关数据删除。

本任务中需要删除员工编号是"1002"的员工薪资信息，所以需要使用 WHERE 子句进行有选择的数据删除。由于该员工的薪资信息和基本情况信息分别存放在两个数据表中，可以分别使用 DELETE 语句删除两个表中的数据，但是由于 salary 表的员工编号是来自 employees 表的外键，所以删除数据时应当先删除外键所在表中的数据，再删除源表数据。在编译窗口录入并运行以下代码，即可将两个数据表的无效数据先后删除。

```
DELETE FROM  salary
WHERE enum='1002';
DELETE FROM  employees
WHERE enum='1002';
```

【任务 2.5.2】员工编号 enum 为"2002"的员工因为个人原因离职，该员工的所有数据需要被删除，请帮助财务人员将该员工在 employees 表和 salary 表中的相关数据同时删除。

在任务 2.5.1 中，1002 号员工的数据是通过两个步骤删除的：先删除 salary 表中的数据，再删除 employees 表中的数据，即对于有关联的表要先删除外键所在表中的数据，再删除源表中的数据。其实，这两个步骤还可以统一在一个语句中完成。用 DELETE 删除单个表的数据与用 DELETE 删除多个表的数据略有不同，不但要在 FROM 关键字后输入需要删除数据的表名，还要在 DELETE 关键字后面输入需要删除数据的表名，同时也需要在 WHERE 子句中说明两个表之间的连接关系。在编译窗口录入并运行以下代码，即可将两个数据表的无效数据同时删除。

```
DELETE salary,employees
FROM  salary,employees
WHERE salary.enum=employees.enum AND employees.enum='2002';
```

【任务 2.5.3】如果某种情况下需要将 salary 表的数据全部删除，请使用 TRUNCATE TABLE 语句完成。

TRUNCATE TABLE 删除表数据的限制比较多，若某表被其他表进行外键引用，则不能使用该语句删除表数据。同时，使用该语句删除的数据没有写入日志，因此无法恢复，这也是一个缺点。在编译窗口录入并运行以下代码，即可将 salary 表的数据删除。

```
TRUNCATE TABLE salary;
```

【任务 2.5.4】如果某种情况下需要将 employees 表的数据全部删除，请使用没有 WHERE 子句的表数据删除语句完成。

在删除表数据的时候，如果没有写 WHERE 子句，则会将表中所有数据全部删除。在编译窗口录入并运行以下代码，即可将 employees 表的数据全部删除。

```
DELETE FROM employees;
```

 练知识技能

【任务 2.5.5】对 lhtz 数据库进行以下操作：删除资产负债表 balancesheet 中证券代码 ts_code 为 "300123" 且报表期 end_date 为 "2019-12-31" 的企业信息。

在编译窗口录入并运行以下代码，即可完成数据的删除。

```
DELETE FROM balancesheet
WHERE ts_code='300123' AND end_date='2019-12-31';
```

【任务 2.5.6】假如证券代码 ts_code 为 "300123" 的企业退市，请帮助工作人员在 lhtz 数据库的 stock_industry 表、income 表、balancesheet 表中删除该企业的所有相关信息。

在编译窗口录入并运行以下代码，即可完成关联数据的删除。

```
DELETE FROM income
WHERE ts_code='300123';
DELETE FROM  balancesheet
WHERE ts_code='300123' ;
DELETE FROM stock_industry
WHERE ts_code='300123' ;
```

 固知识技能

一、填空题

课程表的数据如图 2.5.1 所示。如果要将该表中课程号为 "2" 的课程删除，命令是：

```
DELETE _____ 课程表
WHERE 课程号='_____';
```

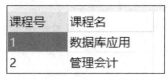

课程号	课程名
1	数据库应用
2	管理会计

图 2.5.1　课程表数据

二、判断题

1. 当一个表中所有行都被 DELETE 语句删除后，该表也同时被删除了。（　　　）

2. 使用 TRUNCATE 命令删除表数据的速度比使用 DELETE 命令要慢。（　　　）

三、单选题

1. 代码 DELETE FROM student WHERE snum >5 中，如果取消 WHERE snum> 5，只执行 DELETE FROM student，这意味着（　　　）。

    A. 删除 student 表

    B. 删除 student 表的所有记录

    C. 删除数据库 student

    D. 语句不完整，不能执行

2. 关于代码 DELETE FROM bonus WHERE ename='贺亚平'的说法错误的是（　　　）。

    A. 这是一条删除语句

    B. 删除的是 bonus 表的记录

    C. 删除的是满足 ename='贺亚平'的行数据

    D. 删除的是满足 bonus='贺亚平'的行数据

四、编程题

企业将闲置固定资产进行出售，请帮助财务人员在 gdzc 数据库中将使用状态为"闲置"的固定资产从 fixed_assets_depreciation 表中删除。

_____

_____

_____

任务六　查询数据表中的财务数据

学习目标

动画 2.6

【知识目标】掌握数据表中财务数据的查询方法。

【技能目标】能在适当的业务场景中使用 SQL 语言完成无 WHERE 子句和有 WHERE 子句的单表查询，以及指定列的查询。

【素质目标】明白个人的成长主要靠自己的主观努力，能够克己修身，实现自我价值的提升。

德技兼修

大富学长：儒家四圣之一的曾子在回答孔子的提问时说过，"吾日三省吾身：为人谋而不忠乎？与朋友交而不信乎？传不习乎？"这句话讲的是：曾子每天都多次自觉反省——为别人做的事是否尽心竭力，与朋友交往是否诚心诚意，老师传授的学业是否温习了。简而言之，就是要不断检视自己，发现自身缺点，弥补自身不足。其实，企业在生产经营中也经常要复盘任务实施情况。企业经营者可以通过 SQL 查询语句查询数据库中的有关数据，对企业的经营情况进行分析。今天我们就要学习如何对企业员工薪资情况、投资企业财务分析情况、固定资产情况进行查询和分析。

　　小强：这一点我做得还不够好，以后的生活中我一定要克己修身。我的改变，就从好好学习使用查询语句来分析企业经营状况开始吧！

🖥 来自企业的技能任务

序号	岗位技能要求	对应企业任务
1	无 WHERE 子句的单表查询	【任务 2.6.1】请帮助财务部工作人员通过 salary 表查看本月所有员工的薪资情况
2	查询指定的列、定义列别名	【任务 2.6.2】请帮助工会通过 employees 表查询所有员工的姓名 ename、电话 tel、地址 address，以便寄送员工福利，并为这 3 列指定中文别名
3	消除重复的行	【任务 2.6.3】请帮助财务部工作人员通过 employees 表查询本企业员工的受教育情况，并消除重复的行
4	计算列值	【任务 2.6.4】请帮助财务部工作人员通过 salary 表计算所有员工应发工资 payroll 减去三险一金（个人）per_insurance_fund 后的结果
5	有 WHERE 子句的单表查询	【任务 2.6.5】请帮助财务部工作人员通过 salary 表查询员工编号 enum 为 "4003" 的员工本月的工作天数 work_day 与缺勤扣款 loss_money
6	比较运算符	【任务 2.6.6】请帮助财务部工作人员通过 employees 表查询工作年限大于 6 年的企业员工信息
7	逻辑运算符	【任务 2.6.7】请帮助财务部工作人员通过 salary 表查看应发工资 payroll 小于 8 000 且奖金 bonus_money 小于 3 000 的员工的薪资情况
8	LIKE 运算符	【任务 2.6.8】请帮助财务部工作人员通过 employees 表查询地址 address 包含 "金星路" 3 个字的员工信息
9	BETWEEN 范围比较	【任务 2.6.9】请帮助工会通过 employees 表查询 1990—1999 年出生的员工的姓名 ename、电话 tel、地址 address，以便进行相关调研
10	IN 范围比较	【任务 2.6.10】请帮助财务部工作人员通过 employees 表查询受教育情况为 "博士""硕士" 的员工信息
11	空值比较	【任务 2.6.11】请帮助财务部工作人员通过 employees 表查询尚未分配部门的员工信息

　　特别说明：

　　本次任务的操作起点是项目二中任务四修改任务完成后的数据集。后续每次任务的操作起点都是如此，不再一一说明。

🖥 学知识技能

　　使用数据库和数据表的主要目的是存储数据，以便在需要时进行检索、统计或组织输出。使用 SQL 的查询语句，可以从表或视图中快捷、高效地检索数据。简单的 SELECT 语句的语法如下：

```
SELECT  输出列表达式
```

```
FROM    表名
WHERE   条件（依据实际情况，可以有，也可以没有）；
```

一、无 WHERE 子句的单表查询

无 WHERE 子句的单表查询是最简单的查询，其语法格式为：

```
SELECT  *
FROM  表名;
```

在 SELECT 语句指定列的位置上使用"*"时，表示查询表中的所有列。无 WHERE 子句的单表查询功能相当于对 FROM 后面特定表中的所有数据进行查找、显示。

【任务 2.6.1】请帮助财务部工作人员通过 salary 表查看本月所有员工的薪资情况。

最简单的单表查询就是直接查询表中所有的数据列。在编译窗口录入并运行以下代码，即可查看 salary 表的所有数据。该语句的执行结果如图 2.6.1 所示。

```
SELECT *
FROM salary;
```

enum	work_day	base_wage	merits_wage	bonus_money	subsidy_money	social_base	extra_deduction	loss_money	payroll	per_insurance_fund
1001	22	6000.00	700.00	3500.00	800.00	10740.00	0.00	0.00	11000.00	322.20
1002	21	5000.00	700.00	2500.00	800.00	8740.00	0.00	400.00	8600.00	262.20
1003	22	3000.00	300.00	4000.00	300.00	7340.00	0.00	0.00	7600.00	220.20
2001	21	5000.00	300.00	4000.00	800.00	9840.00	1000.00	400.00	9700.00	295.20
2002	22	3000.00	300.00	3500.00	300.00	6840.00	0.00	0.00	7100.00	205.20
3001	22	3000.00	200.00	3500.00	300.00	6740.00	3000.00	0.00	7000.00	202.20
3002	20	5000.00	500.00	3500.00	300.00	9040.00	800.00	800.00	8500.00	271.20
4001	22	3000.00	300.00	2500.00	300.00	6340.00	400.00	0.00	6600.00	190.20
4002	22	3000.00	300.00	4000.00	300.00	7340.00	400.00	0.00	7600.00	220.20
4003	21	5000.00	700.00	4000.00	300.00	9740.00	0.00	400.00	9600.00	292.20
5001	22	3000.00	300.00	4000.00	800.00	7840.00	0.00	0.00	8100.00	235.20
5002	22	3000.00	300.00	3500.00	300.00	7340.00	400.00	0.00	7600.00	220.20

图 2.6.1　无 WHERE 子句的单表查询

二、查询指定的列与定义列别名

对数据库的数据表等对象进行查询时，如果数据表的列非常多，但并不需要查询每一个数据列的数据，查询人员可以通过指定要查询的列来实现。这时，各列名之间要以","分隔。有时候，列名使用英文可能令人难以理解，这时可以给相关列起一个中文别名，直接添加在对应列名的后面即可。

```
SELECT  列1  别名1, 列2  别名2, …
FROM  表名;
```

列名和别名之间添加 AS 关键字的语法格式也是正确的。

```
SELECT  列1  AS  别名1, 列2  AS  别名2, …
FROM  表名;
```

【任务 2.6.2】请帮助工会通过 employees 表查询所有员工的姓名 ename、电话 tel、地址 address，以便寄送员工福利，并为这 3 列指定中文别名。

在进行数据查询时，财务人员为了能够精确看到自己关注的数据，就需要查询特定的列，这时可以把所关注的数据列列出，各列之间用","隔开。在编译窗口录入并运行以下代码，即可查询 employees 表中工会关注的数据列。该语句的执行结果如图 2.6.2 所示。

```
SELECT ename AS 姓名, tel AS 电话, address AS 地址
FROM employees;
```

姓名	电话	地址
刘好	13987657792	中山路10-3-105
张美玲	13987657793	解放路34-1-203
欧兰	13987657794	荣湾镇路24-35
米强	13987657795	荣湾镇路209-3
戴涛	13987657796	长沙西路3-7-52
周四好	13987657797	金星路120-4
段飞	13987657798	金星路120-5
何晴	13987657799	长沙西路3号13
赵远航	13987657100	五一路5号114
李贞雅	13987657101	逢临巷115号
李想	13987657102	长沙路3号186
贺永念	13987657103	田家湾10号
唐卓康尔	13987432145	北京街10号

图 2.6.2　查询指定的列

三、消除重复的行

查询数据表时，如果只选择特定的列，可能会出现重复行，比如员工的受教育程度、工作部门等。这时可以使用 DISTINCT 关键字消除结果集中的重复行，其语法格式为：

```
SELECT DISTINCT 字段列表
```

该语句的含义是对结果集中的重复行只选择一个，保证行的唯一性。

【任务 2.6.3】请帮助财务部工作人员通过 employees 表查询本企业员工的受教育情况，并消除重复的行。

在使用 SELECT 语句查询 employees 表中受教育情况（education 列数据）时，查询结果中会有重复数据，使用 DISTINCT 语句可以消除列中重复的数据。在编译窗口录入并运行以下代码，即可消除重复行。该语句的执行结果如图 2.6.3 所示。

```
SELECT DISTINCT education
FROM employees;
```

education
大专
硕士
博士
本科

图 2.6.3　消除重复的行

四、计算列值

使用 SELECT 语句对列进行查询时，可以输出对列值进行计算（如加、减、乘、除）后的值，即 SELECT 语句可使用表达式的值作为列值。其语法格式为：

```
SELECT 表达式 1, 表达式 2,…
```

【任务 2.6.4】请帮助财务部工作人员通过 salary 表计算所有员工应发工资 payroll 减去三险一金（个人）per_insurance_fund 后的结果。

在 SELECT 语句中加入表达式 "payroll-per_insurance_fund" 可以得到新的数据列。在编译窗口录入并运行以下代码，即可查询到新的计算列。该语句的执行结果如图 2.6.4 所示。

```
SELECT enum, payroll-per_insurance_fund
FROM salary;
```

enum	payroll-per_insurance_fund
1001	10677.80
1002	8337.80
1003	7379.80
2001	9404.80
2002	6894.80
3001	6797.80
3002	8228.80
4001	6409.80
4002	7379.80
4003	9307.80
5001	7864.80
5002	7379.80

图 2.6.4 计算列值

五、有 WHERE 子句的单表查询

在单表查询中，如果需要使用 WHERE 子句，则该子句必须紧接 FROM 子句。WHERE 子句中可以设定一个条件从 FROM 子句的中间结果中选取行。其语法格式为：

```
WHERE  列名 运算符 值；
```

其中的运算符包括比较运算符、逻辑运算符、LIKE 运算符、范围比较、空值比较等。

（一）比较运算符

比较运算符用于比较两个表达式的值，MySQL 支持的比较运算符及其具体说明如表 2.6.1 所示。

表 2.6.1　　　　　　　　　　比较运算符及其具体说明

比较运算符	说明
=	等于
<>	不等于
>	大于
<	小于
>=	大于等于
<=	小于等于

当两个表达式的值均不为空值时，比较运算将返回逻辑值 TRUE（真）或 FALSE（假）；而当两个表达式的值中有一个为空值或都为空值时，将返回 UNKNOWN。

【任务 2.6.5】请帮助财务部工作人员通过 salary 表查询员工编号 enum 为"4003"的员工本月的工作天数 work_day 与缺勤扣款 loss_money。

在查询语句中输入特定的列名，表示对列数据进行选择。当我们需要对行数据进行筛选时，则需要使用 WHERE 子句。本任务要从数据表中筛选出员工编号 enum 为"4003"的员工，因此要在 WHERE 子句中限定相应条件。在编译窗口录入并运行以下代码，即可完成特定数据的查询。该语句的执行结果如图 2.6.5 所示。

```
SELECT enum, work_day, loss_money
```

```
FROM salary
WHERE enum='4003';
```

enum	work_day	loss_money
4003	21	400.00

图 2.6.5　使用比较运算符=的查询结果

【任务 2.6.6】请帮助财务部工作人员通过 employees 表查询工作年限大于 6 的企业员工信息。

在 WHERE 子句中，可以使用比较运算符对工作年限进行筛选。在编译窗口录入并运行以下代码，即可查询出满足条件的数据。该语句的执行结果如图 2.6.6 所示。

```
SELECT *
FROM employees
WHERE workyears>6;
```

enum	ename	education	birthday	sex	workyears	address	tel	dnum
2001	米强	大专	1986-01-16	男	7	荣湾镇路209-3	13987657795	2
2002	戴涛	大专	1979-02-10	男	8	长沙西路3-7-52	13987657796	2
3001	周四好	大专	1969-03-10	男	13	金星路120-4	13987657797	3
3002	段飞	博士	1982-04-08	男	11	金星路120-5	13987657798	3
5002	贺永念	本科	1984-09-04	男	8	田家湾10号	13987657103	5

图 2.6.6　使用比较运算符>的查询结果

（二）逻辑运算符

使用逻辑运算符可以组成更为复杂的查询条件。逻辑运算返回的结果是 1 或 0，分别表示 TRUE 或 FALSE。MySQL 支持的逻辑运算符及其具体说明如表 2.6.2 所示。

表 2.6.2　　　　　　　　　　逻辑运算符及其具体说明

运算符	符号形式	描述	说明
NOT	!	非运算	如果 x 是 TRUE，那么!x 的结果是 FALSE；如果 x 是 FALSE，那么!x 的结果是 TRUE
OR	||	或运算	如果 x 或 y 任一是 TRUE，那么 x||y 的结果是 TRUE，否则结果是 FALSE
AND	&&	与运算	如果 x 和 y 都是 TRUE，那么 x&&y 的结果是 TRUE，否则结果是 FALSE
xor	^	异或运算	如果 x 和 y 不相同，那么 x^y 的结果是 TRUE，否则结果是 FALSE

【任务 2.6.7】请帮助财务部工作人员通过 salary 表查看应发工资 payroll 小于 8 000 且奖金 bonus_money 小于 3 000 的员工的薪资情况。

本任务使用 AND 逻辑运算符将多个条件进行结合。在编译窗口录入并运行以下代码，即可查询出满足条件的数据。该语句的执行结果如图 2.6.7 所示。

```
SELECT *
FROM salary
WHERE payroll<8000 AND bonus_money<3000;
```

enum	work_day	base_wage	merits_wage	bonus_money	subsidy_money	social_base	extra_deduction	loss_money	payroll	per_insurance_fund
4001	22	3000.00	300.00	2500.00	800.00	6340.00	400.00	0.00	6600.00	190.20

图 2.6.7　使用逻辑运算符 AND 的查询结果

（三）LIKE 运算符

LIKE 运算符用于指出一个字符串是否与指定的字符串相匹配，其运算对象可以是 CHAR、VARCHAR、TEXT、DATETIME 等类型的数据，返回逻辑值 TRUE 或 FALSE。使用 LIKE 运算符进行模式匹配时，常使用特殊符号"_"和"%"进行模糊查询，其中，"%"代表 0 个或多个字符，"_"代表单个字符。

【任务 2.6.8】请帮助财务部工作人员通过 employees 表查询地址 address 包含"金星路" 3 个字的员工信息。

由于地址信息可能由多个字构成，所以需要使用"%"表示前后可能存在多个字。在编译窗口录入并运行以下代码，即可查询出满足条件的数据。该语句的执行结果如图 2.6.8 所示。

```
SELECT *
FROM employees
WHERE address LIKE '%金星路%';
```

enum	ename	education	birthday	sex	workyears	address	tel	dnum
3001	周四好	大专	1969-03-10	男	13	金星路120-4	13987657797	3
3002	段飞	博士	1982-04-08	男	11	金星路120-5	13987657798	3

图 2.6.8　使用 LIKE 运算符的查询结果

（四）范围比较

用于范围比较的关键字有两个：BETWEEN 和 IN。其中，BETWEEN 用于表示查询条件是某个范围。其语法格式为：

表达式 [NOT] BETWEEN 表达式 1　AND　表达式 2

当不使用 NOT 关键字时，若表达式的值在表达式 1 与表达式 2 之间（包括这两个值），则返回 TRUE，否则返回 FALSE；当使用 NOT 时，返回值刚好与 BETWEEN 语句的返回值相反，不包括边界值。需要注意的是，表达式 1 的值应当不大于表达式 2 的值。

IN 关键字用于指定一个值表，值表中列出所有可能的值，当如下语法格式中的"表达式"的值与值表中的任一个值匹配时，即返回 TRUE，否则返回 FALSE。

表达式 IN （表达式 1 [,…]）

【任务 2.6.9】请帮助工会通过 employees 表查询 1990—1999 年出生的员工的姓名 ename、电话 tel、地址 address，以便进行相关调研。

在编译窗口录入并运行以下代码，即可查询出满足条件的数据。该语句的执行结果如图 2.6.9 所示。

```
SELECT ename, tel, address
FROM employees
WHERE birthday BETWEEN '1990-01-01' AND '1999-12-31';
```

ename	tel	address
何晴	13987657799	长沙西路3号13
赵远航	13987657100	五一路5号114
李贞雅	13987657101	逶临巷115号
李想	13987657102	长沙西路3号186
唐卓康尔	13987432145	北京街10号

图 2.6.9　使用 BETWEEN 关键字的查询结果

【**任务 2.6.10**】请帮助财务部工作人员通过 employees 表查询受教育情况为"博士""硕士"的员工信息。

在编译窗口录入并运行以下代码，即可查询出满足条件的数据。该语句的执行结果如图 2.6.10 所示。

```
SELECT *
FROM employees
WHERE education IN('博士','硕士');
```

enum	ename	education	birthday	sex	workyears	address	tel	dnum
1003	欧兰	硕士	2000-12-06	女	1	荣湾镇路24-35	13987657794	1
3002	段飞	博士	1982-04-08	男	11	金星路120-5	13987657798	3
5003	唐卓康尔	硕士	1999-12-07	男	0	北京街10号	13987432145	*(NULL)*

图 2.6.10 使用 IN 关键字的查询结果

（五）空值比较

当需要判定一个表达式的值是否为空值时，可使用 IS NULL 关键字，其语法格式为：

```
表达式 IS [ NOT ] NULL
```

当不使用 NOT 时，若表达式的值为空值，则返回 TRUE，否则返回 FALSE；当使用 NOT 时，若表达式的值为空值，则返回 FALSE，否则返回 TRUE。

【**任务 2.6.11**】请帮助财务部工作人员通过 employees 表查询尚未分配部门的员工信息。

在编译窗口录入并运行以下代码，即可查询出满足条件的数据。该语句的执行结果如图 2.6.11 所示。

```
SELECT *
FROM employees
WHERE dnum IS NULL;
```

enum	ename	education	birthday	sex	workyears	address	tel	dnum
5003	唐卓康尔	硕士	1999-12-07	男	0	北京街10号	13987432145	*(NULL)*

图 2.6.11 使用 IS NULL 关键字的查询结果

练知识技能

【**任务 2.6.12**】偿债能力主要用于评价公司按时履行其财务义务的能力，反映偿债能力的指标主要包括短期偿债能力指标和长期偿债能力指标两类。请帮助财务部工作人员在 lhtz 数据库中通过 balancesheet 表进行企业长期偿债能力分析，并计算表中所有企业历年的资产负债率（资产负债率[①]=负债合计/资产合计）。

在编译窗口录入并运行以下代码，即可计算出企业历年的资产负债率。该语句的执行结果如图 2.6.12 所示。

```
SELECT ts_code, end_date, liabilities/assets AS debt_asset_ratio
FROM balancesheet;
```

【**任务 2.6.13**】请帮助财务部工作人员通过 balancesheet 表进行企业长期偿债能力分析，并计算表中所有企业历年的产权比率（产权比率=负债合计/所有者权益合计）。

在编译窗口录入并运行以下代码，即可计算出企业历年的产权比率。该语句的执行结果

---

① 为简化操作，本书中涉及各项财务指标的计算结果均以小数表示。以下不再重复说明。

如图 2.6.13 所示。

```
SELECT ts_code, end_date, liabilities/owners_equity AS equity_ratio
FROM balancesheet;
```

ts_code	end_date	debt_asset_ratio
300046	2019-12-31	0.452511
300046	2020-12-31	0.434283
300046	2021-12-31	0.429316
300077	2019-12-31	0.493902
300077	2020-12-31	0.474566
300077	2021-12-31	0.465047
300102	2019-12-31	0.474699
300102	2020-12-31	0.456222
300102	2021-12-31	0.448349
300123	2019-12-31	0.446729
300123	2020-12-31	0.454173
300123	2021-12-31	0.518732
300223	2019-12-31	0.452039
300223	2020-12-31	0.435032
300223	2021-12-31	0.429427
300683	2019-12-31	0.291821
300841	2020-12-31	0.287708
600000	2021-12-31	0.266068
600004	2020-12-31	0.289945
600006	2019-12-31	0.303151
600007	2019-12-31	0.284487
600161	2020-12-31	0.268730

图 2.6.12 资产负债率查询结果

ts_code	end_date	equity_ratio
300046	2019-12-31	0.826522
300046	2020-12-31	0.767669
300046	2021-12-31	0.752284
300077	2019-12-31	0.975904
300077	2020-12-31	0.903188
300077	2021-12-31	0.869322
300102	2019-12-31	0.903672
300102	2020-12-31	0.838986
300102	2021-12-31	0.812741
300123	2019-12-31	0.807432
300123	2020-12-31	0.832084
300123	2021-12-31	1.077844
300223	2019-12-31	0.824948
300223	2020-12-31	0.770011
300223	2021-12-31	0.752623
300683	2019-12-31	0.412072
300841	2020-12-31	0.403919
600000	2021-12-31	0.362524
600004	2020-12-31	0.408342
600006	2019-12-31	0.435032
600007	2019-12-31	0.397599
600161	2020-12-31	0.367483

图 2.6.13 产权比率查询结果

【任务 2.6.14】请帮助财务部工作人员通过 balancesheet 表进行企业长期偿债能力分析，并计算所有企业历年的权益乘数（权益乘数=资产合计/所有者权益合计）。

在编译窗口录入并运行以下代码，即可计算出所有企业历年的权益乘数。该语句的执行结果如图 2.6.14 所示。

```
SELECT ts_code, end_date, assets/owners_equity AS equity_multiplier_em
FROM balancesheet;
```

ts_code	end_date	equity_multiplier_em
300046	2019-12-31	1.826522
300046	2020-12-31	1.767669
300046	2021-12-31	1.752284
300077	2019-12-31	1.975904
300077	2020-12-31	1.903188
300077	2021-12-31	1.869322
300102	2019-12-31	1.903672
300102	2020-12-31	1.838986
300102	2021-12-31	1.812741
300123	2019-12-31	1.807432
300123	2020-12-31	1.832084
300123	2021-12-31	2.077844
300223	2019-12-31	1.824948
300223	2020-12-31	1.770011
300223	2021-12-31	1.752623
300683	2020-12-31	1.412072
300841	2020-12-31	1.403919
600000	2021-12-31	1.362524
600004	2020-12-31	1.408342
600006	2019-12-31	1.435032
600007	2019-12-31	1.397599
600161	2020-12-31	1.367483

图 2.6.14 权益乘数查询结果

【任务2.6.15】请帮助财务部工作人员通过balancesheet表进行企业短期偿债能力分析，并计算所有企业历年的流动比率（流动比率=流动资产合计/流动负债合计）。

在编译窗口录入并运行以下代码，即可计算出所有企业历年的流动比率。该语句的执行结果如图2.6.15所示。

```
SELECT ts_code,end_date, tol_cur_assets/cur_liabilities AS current_ratio
FROM balancesheet;
```

【任务2.6.16】请帮助财务部工作人员通过balancesheet表进行企业短期偿债能力分析，并计算所有企业历年的速动比率[速动比率=速动资产合计/流动负债合计=(流动资产合计-存货-预付账款-待摊费用)/流动负债合计]。

在编译窗口录入并运行以下代码，即可计算出所有企业历年的速动比率。该语句的执行结果如图2.6.16所示。

```
SELECT ts_code,end_date, (tol_cur_assets-inventories-advances_suppliers)/cur_
liabilities AS acid_ratio
FROM balancesheet;
```

ts_code	end_date	current_ratio
300046	2019-12-31	1.044125
300046	2020-12-31	1.087468
300046	2021-12-31	1.113604
300077	2019-12-31	1.001383
300077	2020-12-31	1.040716
300077	2021-12-31	1.067607
300102	2019-12-31	1.021172
300102	2020-12-31	1.062351
300102	2021-12-31	1.088996
300123	2019-12-31	1.063830
300123	2020-12-31	1.035945
300123	2021-12-31	0.800000
300223	2019-12-31	1.015291
300223	2020-12-31	1.057957
300223	2021-12-31	1.085586
300683	2020-12-31	1.448250
300841	2020-12-31	1.492777
600000	2021-12-31	1.621901
600004	2020-12-31	1.482740
600006	2019-12-31	1.440527
600007	2019-12-31	1.514606
600161	2020-12-31	1.603387

图2.6.15 流动比率查询结果

ts_code	end_date	acid_ratio
300046	2019-12-31	0.682084
300046	2020-12-31	0.693095
300046	2021-12-31	0.695185
300077	2019-12-31	0.637621
300077	2020-12-31	0.649217
300077	2021-12-31	0.654915
300102	2019-12-31	0.657804
300102	2020-12-31	0.669205
300102	2021-12-31	0.673389
300123	2019-12-31	0.638298
300123	2020-12-31	0.631336
300123	2021-12-31	0.423810
300223	2019-12-31	0.638634
300223	2020-12-31	0.650786
300223	2021-12-31	0.656306
300683	2020-12-31	1.052330
300841	2020-12-31	1.068600
600000	2021-12-31	1.136834
600004	2020-12-31	1.051789
600006	2019-12-31	1.035761
600007	2019-12-31	1.054384
600161	2020-12-31	1.132408

图2.6.16 速动比率查询结果

【任务2.6.17】请帮助财务部工作人员通过balancesheet表进行企业短期偿债能力分析，并计算所有企业历年的现金比率[现金比率=现金/流动负债=(货币资金+交易性金融资产)/流动负债]。

在编译窗口录入并运行以下代码，即可计算出所有企业历年的现金比率。该语句的执行结果如图2.6.17所示。

```
SELECT ts_code,end_date,cash_all/cur_liabilities AS cash_ratio
FROM balancesheet;
```

【**任务** 2.6.18】盈利能力分析也称获利能力分析，通俗地说，就是对企业赚取利润的能力的分析。营业毛利率反映产品每 1 元营业收入所包含的毛利润是多少，即营业收入扣除营业成本后还有多少剩余可用于支付各期费用和形成利润。营业毛利率越高，表明产品的盈利能力越强。请帮助财务部工作人员通过 income 表进行企业盈利能力分析，并计算表中所有企业历年的营业毛利率（营业毛利=营业收入-营业成本，营业毛利率=营业毛利/营业收入）。

在编译窗口录入并运行以下代码，即可计算出企业历年的营业毛利率。该语句的执行结果如图 2.6.18 所示。

```
SELECT ts_code,end_date,(oper_income-oper_cost)/oper_income AS gross_margin
FROM income;
```

ts_code	end_date	cash_ratio
300046	2019-12-31	0.251994
300046	2020-12-31	0.273657
300046	2021-12-31	0.264610
300077	2019-12-31	0.241125
300077	2020-12-31	0.260403
300077	2021-12-31	0.253422
300102	2019-12-31	0.246184
300102	2020-12-31	0.266540
300102	2021-12-31	0.258658
300123	2019-12-31	0.212766
300123	2020-12-31	0.216590
300123	2021-12-31	0.000000
300223	2019-12-31	0.197248
300223	2020-12-31	0.220039
300223	2021-12-31	0.215766
300683	2020-12-31	0.354410
300841	2020-12-31	0.384487
600000	2021-12-31	0.396671
600004	2020-12-31	0.381280
600006	2019-12-31	0.352697
600007	2019-12-31	0.309682
600161	2020-12-31	0.392049

图 2.6.17　现金比率查询结果

ts_code	end_date	gross_margin
300046	2019-12-31	0.641322
300046	2020-12-31	0.645511
300046	2021-12-31	0.705346
300077	2019-12-31	0.591118
300077	2020-12-31	0.599711
300077	2021-12-31	0.664612
300102	2019-12-31	0.614286
300102	2020-12-31	0.620896
300102	2021-12-31	0.683544
300123	2019-12-31	0.666667
300123	2020-12-31	0.682353
300123	2021-12-31	0.683750
300223	2019-12-31	0.705277
300223	2020-12-31	0.701691
300223	2021-12-31	0.683732
300683	2020-12-31	0.758057
300841	2020-12-31	0.781020
600000	2021-12-31	0.745747
600004	2020-12-31	0.799331
600006	2019-12-31	0.775008
600007	2019-12-31	0.733116
600161	2020-12-31	0.759731

图 2.6.18　营业毛利率查询结果

【**任务** 2.6.19】营业净利率反映每 1 元营业收入最终包含多少利润，用于反映产品最终的盈利能力。请帮助财务部工作人员通过 income 表进行企业盈利能力分析，并计算所有企业历年的营业净利率（营业净利率=净利润/营业收入）。

在编译窗口录入并运行以下代码，即可计算出所有企业历年的营业净利率。该语句的执行结果如图 2.6.19 所示。

```
SELECT ts_code,end_date,net_income/oper_income AS net_profit_margin
FROM income;
```

ts_code	end_date	net_profit_margin
300046	2019-12-31	0.431405
300046	2020-12-31	0.449303
300046	2021-12-31	0.493807
300077	2019-12-31	0.160796
300077	2020-12-31	0.199422
300077	2021-12-31	0.285758
300102	2019-12-31	0.295238
300102	2020-12-31	0.322388
300102	2021-12-31	0.388291
300123	2019-12-31	0.390833
300123	2020-12-31	0.366176
300123	2021-12-31	0.367500
300223	2019-12-31	0.482625
300223	2020-12-31	0.470109
300223	2021-12-31	0.485495
300683	2020-12-31	0.493185
300841	2020-12-31	0.516880
600000	2021-12-31	0.541583
600004	2020-12-31	0.586653
600006	2019-12-31	0.568408
600007	2019-12-31	0.479487
600161	2020-12-31	0.529098

图 2.6.19 营业净利率查询结果

固知识技能

一、单选题

1. 在如下代码中，LIKE 关键字表示的含义是（　　　）。

```
SELECT *
FROM student
WHERE sname LIKE '%卓康%';
```

    A. 条件比较   B. 范围比较   C. 模糊查询   D. 逻辑运算

2. SELECT (9+6*5+3%2)/5-3 的运算结果是（　　　）。

    A. 1   B. 3   C. 5   D. 7

3. SELECT * FROM student 中的 * 号表示的含义是（　　　）。

    A. 普通的字符*   B. 错误信息   C. 模糊查询   D. 所有的字段名

4. 职员信息表 tblEmployees 包含列 Name 和列 HireDate，要显示从 2022 年 1 月 1 日到 2022 年 12 月 31 日在职所有员工的姓名和入职日期，下面哪段代码能实现？（　　　）

    A. SELECT Name, HireDate

        FROM tblEmployees;

    B. SELECT Name, HireDate

        FROM tblEmployees
        WHERE HireDate BETWEEN '2022-01-01' AND '2022-12-31';

    C. SELECT Name

        FROM tblEmployees
        WHERE HireDate BETWEEN '2022-01-01' AND '2022-12-31';

D. SELECT Name, HireDate
   FROM tblEmployees
   WHERE HireDate ='2022-01-01' AND HireDate ='2009-01-01';

二、编程题

1. 请帮助财务部工作人员通过 fixed_assets_depreciation 表查询企业所有固定资产的数据。

_____

_____

_____

2. 请帮助财务部工作人员通过 fixed_assets_depreciation 表查询使用年限是 10 年的固定资产的情况。

_____

_____

_____

3. 请帮助财务部工作人员通过 fixed_assets_depreciation 表查询购买日期在 2018 年 8 月 1 日到 2019 年 2 月 1 日之间的固定资产情况。

_____

_____

_____

4. 请帮助财务部工作人员通过 fixed_assets_depreciation 表查询名称中含有"机"的固定资产情况。

_____

_____

_____

_____

项目三
数据库高级操作

在企业实务中，财务人员还需要对财务数据进行高级操作，以获取更有价值的信息。本项目的学习内容包含 7 个部分：对查询结果进行排序、多表查询、聚合函数和嵌套查询、分组查询、视图、索引、数据库编程和管理。

任务一　对查询结果进行排序

动画 3.1

 **学习目标**

【知识目标】掌握对数据查询结果进行排序及返回限定行数结果的命令用法。

【技能目标】能在不同业务场景中使用 SQL 语言完成对数据查询结果进行排序、返回限定行数等操作。

【素质目标】深刻理解实践是检验真理的唯一标准，认真学习中国优秀传统文化的实践观，能够知行合一，以知促行，以行求知。

德技兼修

小强：我昨天预习本任务课程时有些地方没明白，然后在网上查询了相关知识，先在理论层面有了初步的了解，然后在实训平台上进行了实践操作，最后彻底明白了。

大富学长：你的经历正好可以用"博学之，审问之，慎思之，明辨之，笃行之"来概括，这是《礼记·中庸》中谈学习方法的一句话，意思是：要博学多才，就要审慎地探问、慎重地思考、明晰地辨别、忠实地践行。这 5 个步骤又叫"学问思辨、身体力行"，也代表着知行合一、学以致用。学问思辨透彻明晰的人，才会笃定有力地身体力行，才会坚定成熟、持之以恒，才能更好地为国家做贡献。

来自企业的技能任务

序号	岗位技能要求	对应企业任务
1	对数据查询结果进行排序	【任务 3.1.1】查询 xzgl 数据库的 salary 表，将员工按应发工资 payroll 进行降序排列。如果应发工资相等，则按奖金 bonus_money 升序排列，并显示查询结果中从第 7 条记录开始的 4 条记录
2	返回限定行数	【任务 3.1.2】查询 xzgl 数据库的 employees 表，将员工按出生日期 birthday 进行升序排列，并显示前 4 条记录

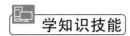 学知识技能

一、ORDER BY 子句

在企业实务中，财务人员使用 SELECT 语句查询企业需要的数据后，得到的查询结果往往是杂乱无章的。要将查询到的结果按照某种顺序排列好，以便查看，需要用到 ORDER BY 子句。其语法格式为：

```
ORDER BY 列名  ASC 或 DESC
```

其中，列名表示要排序的列的名称；ASC 表示将查询结果按照升序进行排列，如果 ORDER BY 子句后面不注明排序规则，默认按照升序排列；DESC 表示将查询结果按照降序排列。如果需要对多个列的查询结果进行排序，只要录入多个列名，列名之间用"，"分开即可。

二、LIMIT 子句

有时满足查询要求的数据集中的数据很多，如果要限定显示的行数，可以使用 LIMIT 子句。该子句强制 SELECT 语句返回指定行数的记录，其语法格式为：

```
LIMIT  行数   或  偏移量,行数
```

LIMIT 子句可接收一个或两个数值参数。如果给定两个参数，第一个参数指定第一条返回记录的偏移量，第二个参数指定返回记录的最大行数。初始记录的偏移量是 0（而不是 1）。

【任务 3.1.1】查询 xzgl 数据库的 salary 表，将员工按应发工资 payroll 进行降序排列。如果应发工资相等，则按奖金 bonus_money 升序排列，并显示查询结果中从第 7 条记录开始的 4 条记录。

直接运行 SQL 语句进行薪资数据的查询时，薪资数据的排序不可预料，此时可使用 ORDER BY 子句加上特定的列名让显示的数据有章可循。先按应发工资 payroll 对数据进行降序排列，当 3 位员工具有相同的应发工资 7 600.00 元时，应发工资相同的员工再按照奖金 bonus_money 进行升序排列。salary 表共有 12 条记录，而当前只需要查询从第 7 条记录开始的 4 条记录，且由于数据库记录的偏移量从 0 开始，所以使用 LIMIT 子句时，第 7 条记录的偏移量应该为 6。在编译窗口录入并运行以下代码，即可显示符合要求的数据。该语句的执行结果如图 3.1.1 所示。

```
SELECT * FROM salary
ORDER BY payroll DESC,bonus_money ASC
LIMIT 6,4;
```

enum	work_day	base_wage	merits_wage	bonus_money	subsidy_money	social_base	extra_deduction	loss_money	payroll	per_insurance_fund
5002	22	3000.00	300.00	3500.00	800.00	7340.00	400.00	0.00	7600.00	220.20
1003	22	3000.00	300.00	4000.00	300.00	7340.00	0.00	0.00	7600.00	220.20
4002	22	3000.00	300.00	4000.00	300.00	7340.00	400.00	0.00	7600.00	220.20
2002	22	3000.00	300.00	3500.00	300.00	6840.00	0.00	0.00	7100.00	205.20

图 3.1.1　salary 表数据排序

【任务 3.1.2】查询 xzgl 数据库的 employees 表，将员工按出生日期 birthday 进行升序排列，并显示前 4 条记录。

ORDER BY 子句不注明排序规则时，默认使用升序排列，所以本任务可以不注明排序规则，保持默认即可。LIMIT 子句中录入 4，表示显示前 4 条记录。在编译窗口录入并运行以下代码，即可显示符合要求的数据。该语句的执行结果如图 3.1.2 所示。

```
SELECT * FROM employees
ORDER BY  birthday
LIMIT 4;
```

enum	ename	education	birthday	sex	workyears	address	tel	dnum
3001	周四好	大专	1969-03-10	男	13	金星路120-4	13987657797	3
2002	戴涛	大专	1979-02-10	男	8	长沙西路3-7-52	13987657796	2
1002	张美玲	大专	1979-09-07	女	5	解放路34-1-203	13987657793	1
3002	段飞	博士	1982-04-08	男	11	金星路120-5	13987657798	3

图 3.1.2 employees 表数据排序

 练知识技能

【任务 3.1.3】使用 lhtz 数据库的 income 表，查询报告期 end_date 为"2020-12-31"的企业的证券代码 ts_code、报告期 end_date、净利润 net_profit，且查询结果按照净利润升序排列。

在编译窗口录入并运行以下代码，即可显示符合要求的数据。该语句的执行结果如图 3.1.3 所示。

```
SELECT ts_code, end_date, net_profit
FROM income
WHERE end_date='2020-12-31'
ORDER BY net_profit;
```

ts_code	end_date	net_profit
300077	2020-12-31	138.00
300102	2020-12-31	216.00
300046	2020-12-31	290.25
300123	2020-12-31	311.25
300223	2020-12-31	389.25
300683	2020-12-31	1103.65
300841	2020-12-31	1363.84
600161	2020-12-31	1413.75
600004	2020-12-31	1589.09

图 3.1.3 income 表数据排序

 固知识技能

一、单选题

1. 若查询语句需要设置将数据按照姓名 name 降序排列，下列语句正确的是（   ）。

   A. ORDER BY DESC name

   B. ORDER BY name DESC

   C. ORDER BY name ASC

   D. ORDER BY ASC name

2. 下面命令的检索结果最多只有一行的是（   ）。

   A. SELECT DISTINCT * FROM orders ;

   B. SELECT * FROM orders LIMIT 1,2;

   C. SELECT * FROM orders GROUP BY 1;

   D. SELECT * FROM orders LIMIT 1;

二、编程题

1. 使用 gdzc 数据库，查询 fixed_assets_depreciation 表中当前使用状态是"正常使用"的固定资产信息，并按固定资产购买日期升序排列；如果购买日期相同，则按原值降序排列；显示前 3 条记录。

_____

_____

2. 使用 gdzc 数据库，查询 fixed_assets_depreciation 表中使用部门是"生产部"的固定资产信息，按资产减值进行升序排列，并显示前 5～10 条记录。

_____

_____

_____

任务二　多表查询

学习目标

动画 3.2

【知识目标】掌握表和表之间进行连接的交叉连接语句、内连接语句、左连接语句、右连接语句的用法。

【技能目标】能在适当的业务场景中使用 SQL 语句完成表和表之间的交叉连接、内连接、左连接、右连接操作。

【素质目标】能够有意识地主动参与实践，认真学习专业知识技能，促进自我价值不断提升。

德技兼修

小强：学长，我预习的时候发现表和表之间进行连接的方法有很多种。很难把握交叉连接、内连接、左连接和右连接的最佳应用场景。学长有什么好的学习建议吗？

大富学长：《荀子·修身》中有一句话："道虽迩，不行不至；事虽小，不为不成。"这句话的含义是：即使路程很近，不走也不会到达目的地；即使事情很小，不做也不会成功。它强调了踏实笃行的意义。你现在没有弄清楚它们的应用场景，是因为你刚接触这些知识，只要多学习、多实践，自然就会慢慢熟悉和掌握。

来自企业的技能任务

序号	岗位技能要求	对应企业任务
1	表和表之间的交叉连接	【任务 3.2.1】在 xzgl 数据库中，将 employees 表和 salary 表进行交叉连接

序号	岗位技能要求	对应企业任务
2	表和表之间的内连接	【任务 3.2.2】在 xzgl 数据库中，将 employees 表和 salary 表进行内连接，查询企业中每个员工的姓名、受教育程度、对应的薪资情况
3	表和表之间的左连接	【任务 3.2.3】在 xzgl 数据库中，将 employees 表和 salary 表进行左连接，查询企业中每个员工的姓名、受教育程度、对应的薪资情况
		【任务 3.2.4】在 xzgl 数据库中，将 employees 表和 departments 表进行左连接，查询企业中所有员工的信息及对应部门的名称、电话
4	表和表之间的右连接	【任务 3.2.5】在 xzgl 数据库中，将 employees 表和 departments 表进行右连接，查询企业中员工的信息及所有部门的名称、电话

学知识技能

在对数据库的数据表进行查询时，实务中更多的是查询多张表的数据，因为企业中的数据大部分都是分布在多张表中的。SQL 使用 JOIN 关键字将多张数据表进行整合连接。数据表和数据表之间的连接方式可以分为多种类型，如交叉连接、内连接、左连接、右连接等。

一、交叉连接

交叉连接（CROSS JOIN）产生的新表是每个表中的每行都与其他表中的每行交叉组合而成的。新表包含所有表中出现的列。交叉连接可能得到的行数为每个表中行数之积。比如，departments 表中有 6 个部门，即有 6 行数据；employees 表中有 13 个员工，即有 13 行数据；将这两个表交叉连接后，可得到一个有 78（=6×13）行数据的表。交叉连接的语法格式为：

```
SELECT  *
FROM  table1, table2;
```

【任务 3.2.1】在 xzgl 数据库中，将 employees 表和 salary 表进行交叉连接。

交叉连接的命令非常简单。在编译窗口录入并运行以下代码，即可将 employees 表（13行）和 salary 表（12行）进行交叉连接，连接后得到的新表有 156（=13×12）行。

```
SELECT  *
FROM employees, salary;
```

二、内连接

内连接是 SQL 中最重要、最常用的表连接方式之一，只有当要连接的两个或者多个表中都存在满足条件的记录时，才返回行。INNER JOIN 子句将 table1 和 table2 中的每一条记录进行比较，以找到满足条件的所有记录，然后将每一对满足条件的记录的字段值，合并为一个新的结果行。在代码中只写 JOIN 关键字时，默认进行内连接。其语法格式为：

```
SELECT table1.column1, table2.column2,…
FROM table1
INNER JOIN table2
ON table1.column1 = table2.column2; /*两个表的连接条件*/
```

其中，table1.column1 = table2.column2 是连接条件，只有满足此条件的记录才会合并为一行。以上 SQL 语句将产生 table1 和 table2 的交集，只有 table1 和 table2 中满足 table1.column1 = table2.column2 这个匹配条件的行才会被返回，如图 3.2.1 所示。

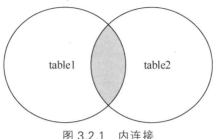

图 3.2.1 内连接

【任务 3.2.2】在 xzgl 数据库中，将 employees 表和 salary 表进行内连接，查询企业中每个员工的姓名、受教育程度、对应的薪资情况。

employees 表存储的是企业员工的基本信息，有 13 行数据。该表详细展示了员工的基础数据，并使用员工编号 enum 作为主键。salary 表则存储每个员工的薪资情况，有 12 行数据。为了节约服务器空间，和员工基本情况有关的数据只有员工编号，因此 salary 表使用员工编号 enum 作为主键。当这两个表之间要建立内连接进行查询时，可以将员工编号 enum 作为两个表之间的连接键。需要注意的是，由于两个表都有 enum 列，所以在进行内连接时，一定要在列名前注明所属的表的名称。在编译窗口录入并运行以下代码：

```
SELECT ename, education, salary.*
FROM employees
INNER JOIN salary
ON employees.enum=salary.enum;
```

有时候数据表的名称比较长，可以通过设置别名来简化命令。这里给两个表分别设置 a、b 两个别名：

```
SELECT ename, education, b.*
FROM employees a
INNER JOIN salary b
ON a.enum=b.enum;
```

最后的显示结果有 12 行数据，原因是：虽然 employees 表有 13 行记录，但是名为"唐卓康尔"的员工刚进入企业，没有薪资记录；salary 表里只有除该员工之外的其他员工的薪资记录，故有 12 行。内连接查询的结果是只有在两个表中都有数据的记录才会被显示。前述语句的执行结果如图 3.2.2 所示。

ename	educa...	enum	work_day	base_wage	merits_...	bonus_money	subsidy...	social_...	extra_...	loss_money	payroll	per_ins...
刘好	大专	1001	22	6000.00	700.00	3500.00	800.00	10740.00	0.00	0.00	11000.00	322.20
张美玲	大专	1002	21	5000.00	700.00	2500.00	800.00	8740.00	0.00	400.00	8600.00	262.20
欧兰	硕士	1003	22	3000.00	300.00	4000.00	300.00	7340.00	0.00	0.00	7600.00	220.20
米强	大专	2001	21	5000.00	300.00	4000.00	800.00	9840.00	1000.00	400.00	9700.00	295.20
戴涛	大专	2002	22	3000.00	300.00	3500.00	300.00	6840.00	0.00	0.00	7100.00	205.20
周四好	大专	3001	22	3000.00	200.00	3500.00	300.00	6740.00	3000.00	0.00	7000.00	202.20
段飞	博士	3002	20	5000.00	500.00	3500.00	300.00	9040.00	800.00	800.00	8500.00	271.20
何晴	本科	4001	22	3000.00	300.00	2500.00	800.00	6340.00	400.00	0.00	6600.00	190.20
赵远航	本科	4002	22	3000.00	300.00	4000.00	300.00	7340.00	400.00	0.00	7600.00	220.20
李贞雅	本科	4003	21	5000.00	700.00	4000.00	300.00	9740.00	0.00	400.00	9600.00	292.20
李想	大专	5001	22	3000.00	300.00	4000.00	800.00	7840.00	0.00	0.00	8100.00	235.20
贺永念	本科	5002	22	3000.00	300.00	3500.00	800.00	7340.00	400.00	0.00	7600.00	220.20

图 3.2.2 employees 表和 salary 表内连接

三、左连接

左连接（LEFT JOIN）也叫左外连接，将返回左表（table1）中的所有记录，即使右表（table2）中没有和左表匹配的记录，也将左表的记录返回，如图 3.2.3 所示。其语法格式为：

```
SELECT table1.column1,table2.column2,…
FROM table1
LEFT JOIN table2
ON table1.column1 = table2.column2; /*两个表的连接条件*/
```

以上 SQL 语句的执行结果包括 table1 的全集及 table2 中能匹配的值，不能匹配的则以 NULL 值填充，具体分为以下 3 种情况：如果 table1 中的某条记录在 table2 中刚好只有一条记录可以匹配，那么在返回的结果中会生成一个新的行；如果 table1 中的某条记录在 table2 中有 N 条记录可以匹配，那么在返回的结果中会生成 N 个新的行，这些行所包含的 table1 的字段值是重复的；如果 table1 中的某条记录在 table2 中没有匹配的记录，那么在返回的结果中仍然会生成一个新的行，只是该行所包含的 table2 的字段值都以 NULL 填充。

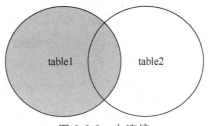

图 3.2.3　左连接

【任务 3.2.3】在 xzgl 数据库中，将 employees 表和 salary 表进行左连接，查询企业中每个员工的姓名、受教育程度、对应的薪资情况。

在任务 3.2.2 中，员工唐卓康尔的薪资情况没有在内连接的结果中显示。如果在某些场景中需要查看企业所有员工（包括刚入职的员工）的薪资情况，则可以使用左连接，让左表的数据全部显示，而右表只显示匹配条件的数据，不匹配条件的用 NULL 来填充。由于唐卓康尔在 salary 表中没有匹配的数据，因此全部用 NULL 填充。在编译窗口录入并运行以下代码，执行结果如图 3.2.4 所示。

```
SELECT ename, education, b.*
FROM employees a
LEFT JOIN salary b
ON a.enum=b.enum;
```

ename	educa...	enum	work_day	base_wage	merits_...	bonus_money	subsidy...	social_...	extra...	loss_money	payroll	per_ins...
刘妤	大专	1001	22	6000.00	700.00	3500.00	800.00	10740.00	0.00	0.00	11000.00	322.20
张美玲	大专	1002	21	5000.00	700.00	2500.00	800.00	8740.00	0.00	400.00	8600.00	262.20
欧兰	硕士	1003	22	3000.00	300.00	4000.00	300.00	7340.00	0.00	0.00	7600.00	220.20
米强	大专	2001	21	5000.00	300.00	4000.00	800.00	9840.00	1000.00	400.00	9700.00	295.20
戴涛	大专	2002	22	3000.00	300.00	3500.00	300.00	6840.00	0.00	0.00	7100.00	205.20
周四妤	大专	3001	22	3000.00	200.00	3500.00	300.00	6740.00	3000.00	0.00	7000.00	202.20
段飞	博士	3002	20	5000.00	500.00	3500.00	300.00	9040.00	800.00	800.00	8500.00	271.20
何晴	本科	4001	22	3000.00	300.00	2500.00	800.00	6340.00	400.00	0.00	6600.00	190.20
赵远航	本科	4002	22	3000.00	300.00	4000.00	300.00	7340.00	400.00	0.00	7600.00	220.20
李贞雅	本科	4003	21	5000.00	700.00	4000.00	300.00	9740.00	0.00	400.00	9600.00	292.20
李想	大专	5001	22	3000.00	300.00	4000.00	800.00	7840.00	0.00	0.00	8100.00	235.20
贺永念	本科	5002	22	3000.00	300.00	3500.00	800.00	7340.00	400.00	0.00	7600.00	220.20
唐卓康尔	硕士	(NULL)	(NULL)	(NULL)	(NULL)	(NULL)	(NULL)	(NULL)	(NULL)	(NULL)	(NULL)	(NULL)

图 3.2.4　employees 表和 salary 表左连接

【**任务 3.2.4**】在 xzgl 数据库中，将 employees 表和 departments 表进行左连接，查询企业中所有员工的信息及对应部门的名称、电话。

本任务的 employees 表中共有 13 个员工，但是有一个员工刚刚入职还没分配部门。如果企业在查询时需要得到所有员工的信息以及每个员工对应的部门数据，那么没有分配部门的员工的信息也要显示出来，最好使用左连接。在编译窗口录入并运行以下代码，执行结果如图 3.2.5 所示。

```sql
SELECT *
FROM employees a
LEFT JOIN departments b
ON a.dnum=b.dnum;
```

enum	ename	educa...	birthday	sex	work...	address	tel	dnum	dnum	dname	dphone
1001	刘好	大专	1989-01-15	女	4	中山路10-3-105	13987657792	1	1	财务部	88657641
1002	张美玲	大专	1979-09-07	女	5	解放路34-1-203	13987657793	1	1	财务部	88657641
1003	欧兰	硕士	2000-12-06	女	1	荣湾镇路24-35	13987657794	1	1	财务部	88657641
2001	米强	大专	1986-01-16	男	7	荣湾镇路209-3	13987657795	2	2	行政部	88657642
2002	戴涛	大专	1979-02-10	男	8	长沙西路3-7-52	13987657796	2	2	行政部	88657642
3001	周四好	大专	1969-03-10	男	13	金星路120-4	13987657797	3	3	经理办公室	88657643
3002	段飞	博士	1982-04-08	男	11	金星路120-6	13987657798	3	3	经理办公室	88657643
4001	何晴	本科	1990-05-08	男	6	长沙西路3号13	13987657799	4	4	生产部	88657644
4002	赵远航	本科	1999-06-07	男	2	五一路5号114	13987657100	4	4	生产部	88657644
4003	李贞雅	本科	1990-07-07	男	6	涌临巷115号	13987657101	4	4	生产部	88657644
5001	李想	大专	1998-08-11	男	1	长沙西路3号186	13987657102	5	5	市场部	88657645
5002	贺永念	本科	1984-09-04	男	8	田家湾10号	13987657103	5	5	市场部	88657645
5003	唐卓康尔	硕士	1999-12-07	男	0	北京街10号	13987432145	(NULL)	(NULL)	(NULL)	(NULL)

图 3.2.5　employees 表和 departments 表左连接

四、右连接

右连接（RIGHT JOIN）也叫右外连接，将返回右表（table2）中的所有记录，即使左表（table1）中没有匹配的记录也是如此。当左表中没有匹配的记录时，RIGHT JOIN 语句仍然返回一行，只是该行的右表字段有值，而左表字段以 NULL 填充。其语法格式为：

```sql
SELECT table1.column1, table2.column2, …
FROM table1
RIGHT JOIN table2
ON table1.common_column1 = table2.common_column2;   /*两个表的连接条件*/
```

以上 SQL 语句的执行结果包括 table2 的全集，以及 table1 中能匹配的所有值，不能匹配的则以 NULL 填充。右连接以右表为主表，即右表中的所有记录都会被返回，具体分为以下 3 种情况：如果 table2 中的某条记录在 table1 中刚好只有一条记录可以匹配，那么在返回的结果中会生成一个新的行；如果 table2 中的某条记录在 table1 中有 N 条记录可以匹配，那么在返回的结果中会生成 N 个新的行，这些行所包含的 table2 的字段值是重复的；如果 table2 中的某条记录在 table1 中没有匹配记录，那么在返回的结果中仍然会生成一个新的行，只是该行所包含的 table1 的字段值都以 NULL 填充，如图 3.2.6 所示。

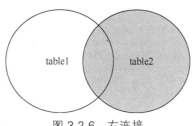

图 3.2.6　右连接

【**任务 3.2.5**】在 xzgl 数据库中，将 employees 表和 departments 表进行右连接，查询企业中员工的信息及所有部门的名称、电话。

在该任务中，departments 表有一个新成立的安全监察部尚未分配员工，在进行员工对应部门查询时，若要将所有部门及对应的员工都显示出来，则可以将 departments 表作为主表进行右连接，左表中和 departments 表中记录不匹配的值用 Null 填充。在编译窗口录入并运行以下代码，执行结果如图 3.2.7 所示。

```
SELECT a.*, b.dname, b.dphone
FROM employees a
RIGHT JOIN departments b
ON a.dnum=b.dnum;
```

enum	ename	educa...	birthday	sex	work...	address	tel	dnum	dname	dphone
1001	刘好	大专	1989-01-15	女	4	中山路10-3-105	13987657792	1	财务部	88657641
1002	张美玲	大专	1979-09-07	女	5	解放路34-1-203	13987657793	1	财务部	88657641
1003	欧兰	硕士	2000-12-06	女	1	荣湾镇路24-35	13987657794	1	财务部	88657641
2001	米强	大专	1986-01-16	男	7	荣湾镇路209-3	13987657795	2	行政部	88657642
2002	戴涛	大专	1979-02-10	男	8	长沙西路3-7-52	13987657796	2	行政部	88657642
3001	周四好	大专	1969-03-10	男	13	金星路120-4	13987657797	3	经理办公室	88657643
3002	段飞	博士	1982-04-08	男	11	金星路120-5	13987657798	3	经理办公室	88657643
4001	何晴	本科	1990-05-08	男	6	长沙西路3号13	13987657799	4	生产部	88657644
4002	赵远航	本科	1999-06-07	男	2	五一路5号114	13987657100	4	生产部	88657644
4003	李贞雅	本科	1990-07-09	女	6	遥临巷115号	13987657101	4	生产部	88657644
5001	李想	大专	1998-08-11	男	1	长沙西路3号186	13987657102	5	市场部	88657645
5002	贺永念	本科	1984-09-04	男	8	田家湾10号	13987657103	5	市场部	88657645
(NULL)	(NULL)	(NULL)	(NULL)	(NULL)	(NULL)	(NULL)	(NULL)	(NULL)	安全监察部	88657646

图 3.2.7 employees 表和 departments 表右连接

MySQL 编译器没有直接支持全外连接的命令，但是可以通过 UNION 关键字将左连接和右连接的结果整合，从而形成全外连接的结果。如果在 xzgl 数据库中，要将 employees 表和 departments 表进行全外连接，查询企业员工的信息及所有部门的名称、电话，可以在编译窗口录入并运行以下代码，执行结果如图 3.2.8 所示。

```
SELECT *  FROM employees  a
LEFT JOIN departments b ON a.dnum=b.dnum          /*左连接结果*/
UNION                     /*使用 UNION 关键字将左连接和右连接的结果进行整合*/
SELECT * FROM employees  a
RIGHT JOIN departments b  ON a.dnum=b.dnum;          /*右连接结果*/
```

enum	ename	education	birthday	sex	work	address	tel	dnum	dnum(1)	dname	dphone
1001	刘好	大专	1989-01-15	女	4	中山路10-3-10	13987657792	1	1	财务部	88657641
1002	张美玲	大专	1979-09-07	女	5	解放路34-1-20	13987657793	1	1	财务部	88657641
1003	欧兰	硕士	2000-12-06	女	1	荣湾镇路24-35	13987657794	1	1	财务部	88657641
2001	米强	大专	1986-01-16	男	7	荣湾镇路209-3	13987657795	2	2	行政部	88657642
2002	戴涛	大专	1979-02-10	男	8	长沙西路3-7-5:	13987657796	2	2	行政部	88657642
3001	周四好	大专	1969-03-10	男	13	金星路120-4	13987657797	3	3	经理办公室	88657643
3002	段飞	博士	1982-04-08	男	11	金星路120-5	13987657798	3	3	经理办公室	88657643
4001	何晴	本科	1990-05-08	男	6	长沙西路3号13	13987657799	4	4	生产部	88657644
4002	赵远航	本科	1999-06-07	男	2	五一路5号114	13987657100	4	4	生产部	88657644
4003	李贞雅	本科	1990-07-09	男	6	遥临巷115号	13987657101	4	4	生产部	88657644
5001	李想	大专	1998-08-11	男	1	长沙西路3号18	13987657102	5	5	市场部	88657645
5002	贺永念	本科	1984-09-04	男	8	田家湾10号	13987657103	5	5	市场部	88657645
5003	唐卓康	硕士	1999-12-07	男	0	北京街10号	13987432145	5	(Null)	(Null)	(Null)
(Null)	(Null)	(Null)	(Null)	(Nu	(Null)	(Null)	(Null)	(Null)	6	安全监察部	88657646

图 3.2.8 employees 表和 departments 表全外连接

练知识技能

【任务 3.2.6】将 stock_industry 表和 income 表进行左连接，查询电子行业企业 2021 年的净利润。

此任务可以分两步完成。

（1）在编译窗口录入并运行以下代码，完成两个表的左连接，执行结果如图 3.2.9 所示。

```
SELECT a.*,b.end_date,b.net_profit
 /*查询 stock_industry 表的所有列和 income 表的 net_profit 列*/
FROM stock_industry a
LEFT JOIN income b
ON a.ts_code=b.ts_code;                    /*两表进行左连接*/
```

ts_code	code_name	industry	end_date	net_profit
300046	台基股份	电子	2019-12-31	261.00
300046	台基股份	电子	2020-12-31	290.25
300046	台基股份	电子	2021-12-31	378.75
300077	国民技术	电子	2019-12-31	105.00
300077	国民技术	电子	2020-12-31	138.00
300077	国民技术	电子	2021-12-31	231.75
300102	乾照光电	电子	2019-12-31	186.00
300102	乾照光电	电子	2020-12-31	216.00
300102	乾照光电	电子	2021-12-31	306.75
300123	亚光科技	国防军工	2019-12-31	351.75
300123	亚光科技	国防军工	2020-12-31	311.25
300123	亚光科技	国防军工	2021-12-31	294.00
300223	北京君正	电子	2019-12-31	375.00
300223	北京君正	电子	2020-12-31	389.25
300223	北京君正	电子	2021-12-31	426.75
300683	海特生物	医药生物	2020-12-31	1103.65
300841	康华生物	医药生物	2020-12-31	1363.84
600000	浦发银行	银行	2021-12-31	1139.60
600004	白云机场	交通运输	2020-12-31	1589.09
600006	东风汽车	汽车	2019-12-31	1313.75
600007	中国国贸	房地产	2019-12-31	1045.77
600031	三一重工	工程机械	NULL	NULL
600161	天坛生物	医药生物	2020-12-31	1413.75
601919	中远海控	交通运输	NULL	NULL

图 3.2.9 stock_industry 表和 income 表左连接结果

（2）在编译窗口录入并运行以下代码，在左连接的基础上进行相关条件的筛选，执行结果如图 3.2.10 所示。

```
SELECT a.*,b.end_date,b.net_profit
/*查询 stock_industry 表所有列和 income 表 net_profit 列*/
FROM stock_industry a
LEFT JOIN income b
ON a.ts_code=b.ts_code                    /*两表进行左连接*/
WHERE a.industry='电子' AND end_date LIKE '2021%'
ORDER BY a.ts_code,b.end_date;
```

ts_code	code_name	industry	end_date	net_profit
300046	台基股份	电子	2021-12-31	378.75
300077	国民技术	电子	2021-12-31	231.75
300102	乾照光电	电子	2021-12-31	306.75
300223	北京君正	电子	2021-12-31	426.75

图 3.2.10 电子行业企业 2021 年净利润

【任务 3.2.7】计算 lhtz 数据库的 balancesheet 表中所有企业（以证券代码标识）2021 年的总资产净利率（总资产净利率=净利润/平均资产总额）。

完成该任务可以分 4 步。

（1）查询得到 income 表中所有企业 2021 年的净利润，并放入新表 income2021 中。在编译窗口录入并运行以下代码，会创建一个名为 income2021 的表。表数据如图 3.2.11 所示。

```
CREATE TABLE income2021 AS
(SELECT ts_code,end_date,net_profit
FROM income
WHERE end_date='2021-12-31');
```

ts_code	end_date	net_profit
300046	2021-12-31	378.75
300077	2021-12-31	231.75
300102	2021-12-31	306.75
300123	2021-12-31	294.00
300223	2021-12-31	426.75
600000	2021-12-31	1139.60

图 3.2.11 2021 年各企业净利润

（2）如果只需要查询 balancesheet 表中所有企业 2021 年的总资产，在编译窗口录入并运行以下代码，执行结果如图 3.2.12 所示。

```
SELECT ts_code,end_date,assets
FROM balancesheet
WHERE end_date='2021-12-31';
```

ts_code	end_date	assets
300046	2021-12-31	4987.00
300077	2021-12-31	5350.00
300102	2021-12-31	5179.00
300123	2021-12-31	4164.00
300223	2021-12-31	5179.00
600000	2021-12-31	27234.03

图 3.2.12 2021 年各企业的总资产

（3）完成第（2）步操作可以得到各企业 2021 年年末的总资产。如果要求平均资产总额，就需要得到 2020 年该企业的总资产情况，所以需要将 balancesheet 表和自己进行交叉连接，并进行条件设置，得到同企业 2020 年和 2021 年的总资产情况。在编译窗口录入并运行以下代码，会创建一个名为 avg_assets2021 的数据表，求出表中所有企业 2021 年的平均资产总额。表数据如图 3.2.13 所示。

```
CREATE TABLE avg_assets2021 AS(
SELECT a.ts_code, b.end_date, a.assets pv_assets, b.assets fv_assets,
(a.assets+b.assets)/2 avg_assets
FROM balancesheet a, balancesheet b     /*先进行交叉连接*/
```

```
WHERE a.ts_code=b.ts_code                        /*找到同一企业2020年和2021年的总资产*/
AND a.end_date='2020-12-31' AND b.end_date='2021-12-31');
```

ts_code	end_date	pv_assets	fv_assets	avg_assets
300046	2021-12-31	4527.00	4987.00	4757.000000
300077	2021-12-31	4895.00	5350.00	5122.500000
300102	2021-12-31	4717.00	5179.00	4948.000000
300123	2021-12-31	4888.00	4164.00	4526.000000
300223	2021-12-31	4710.00	5179.00	4944.500000

图 3.2.13　2021 年各企业平均资产总额

（4）将第（1）步求出的数据表 income2021 和第（3）步求出的数据表 avg_assets2021 中的相关列进行计算，即可得出总资产净利率。在编译窗口录入并运行以下代码，执行结果如图 3.2.14 所示。

```
SELECT a.ts_code, a.end_date, a.net_profit/b.avg_assets  roa
FROM income2021 a
INNER JOIN avg_assets2021 b
ON a.ts_code=b.ts_code;
```

ts_code	end_date	roa
300046	2021-12-31	0.079620
300077	2021-12-31	0.045242
300102	2021-12-31	0.061995
300123	2021-12-31	0.064958
300223	2021-12-31	0.086308

图 3.2.14　2021 年各企业总资产净利率

【任务 3.2.8】计算资产负债表 balancesheet 中所有企业（以证券代码标识）2021 年的净资产收益率（净资产收益率=净利润/平均净资产）。

完成该任务可以分 4 步。

（1）查询出 income 表中的所有企业对应的 2021 年净利润。任务 3.2.7 已经完成了 2021年净利润数据的查询，并存放在 income2021 表中。

（2）查询 balancesheet 表中所有企业 2021 年对应的净资产。在编译窗口录入并运行以下代码，执行结果如图 3.2.15 所示。

```
SELECT ts_code, end_date, owners_equity
FROM balancesheet
WHERE end_date='2021-12-31';
```

ts_code	end_date	owners_equity
300046	2021-12-31	2846.00
300077	2021-12-31	2862.00
300102	2021-12-31	2857.00
300123	2021-12-31	2004.00
300223	2021-12-31	2955.00
600000	2021-12-31	19987.92

图 3.2.15　2021 年各企业净资产

（3）上一步已经找到各个企业 2021 年年末的净资产，如果要求平均净资产，还需要得到2020 年年末的净资产，所以要将 balancesheet 表和自己进行交叉连接，并进行条件设置。在编译窗口录入并运行以下代码,创建一个名为avg_ owners2021的数据表,执行结果如图3.2.16所示。

```
CREATE TABLE avg_owners2021 AS(
SELECT a.ts_code, b.end_date, a.owners_equity pv_owners_equity, b.owners_equity
fv_owners_equity, (a.owners_equity+b.owners_equity)/2 avg_owners_equity
FROM balancesheet a, balancesheet b          /*先进行交叉连接*/
WHERE a.ts_code=b.ts_code                     /*找到同一企业2020年和2021年的净资产*/
AND a.end_date='2020-12-31' AND b.end_date='2021-12-31');
```

ts_code	end_date	pv_owners_equity	fv_owners_equity	avg_owners_equity
300046	2021-12-31	2561.00	2846.00	2703.500000
300077	2021-12-31	2572.00	2862.00	2717.000000
300102	2021-12-31	2565.00	2857.00	2711.000000
300123	2021-12-31	2668.00	2004.00	2336.000000
300223	2021-12-31	2661.00	2955.00	2808.000000

图 3.2.16　2021 年各企业平均净资产

（4）将第（1）步求出的数据表 income2021 和第（3）步求出的数据表 avg_owners2021 的相关列进行计算，得出净资产收益率。在编译窗口录入并运行以下代码，执行结果如图 3.2.17 所示。

```
SELECT a.ts_code, a.end_date, a.net_profit/b.avg_owners_equity roe
FROM income2021 a
INNER JOIN avg_owners2021 b
ON a.ts_code=b.ts_code;
```

ts_code	end_date	roe
300046	2021-12-31	0.140096
300077	2021-12-31	0.085296
300102	2021-12-31	0.113150
300123	2021-12-31	0.125856
300223	2021-12-31	0.151976

图 3.2.17　2021 年各企业净资产收益率

【任务 3.2.9】查看 income 表中各企业的净利润，以及所属申万行业分类，结果按 end_date 列和 ts_code 列升序排列，只显示前 5 行。

在编译窗口录入并运行以下代码，即可查看满足任务要求的企业名称和所属申万行业分类，执行结果如图 3.2.18 所示。

```
SELECT a.ts_code,a.end_date,a.net_profit,b.code_name
FROM income a
INNER JOIN stock_industry b
ON a.ts_code=b.ts_code
ORDER BY end_date,ts_code
LIMIT 5;
```

ts_code	end_date	net_profit	code_name
300046	2019-12-31	261.00	台基股份
300077	2019-12-31	105.00	国民技术
300102	2019-12-31	186.00	乾照光电
300123	2019-12-31	351.75	亚光科技
300223	2019-12-31	375.00	北京君正

图 3.2.18　各企业净利润信息及对应行业信息前 5 行数据

固知识技能

一、填空题

1. LEFT JOIN 即_____，返回左表中的所有记录和右表中与连接字段相等的记录。

2. RIGHT JOIN 即_____，返回右表中的所有记录和左表中与连接字段相等的记录。

3. INNER JOIN 即_____，只返回左、右两个表中与连接字段相等的行。

4. CROSS JOIN 即_____，产生的新表是每个表中的每行都与其他表中的每行交叉组合而成的。新表包含所有表中出现的列。

二、单选题

已知 class 表和 student 表如图 3.2.19 所示。

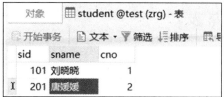

图 3.2.19 class 表和 student 表

1. class 表和 student 表通过 cno 进行交叉连接，连接后的结果是（　　　）。

2. class 表和 student 表通过 cno 进行左连接，连接后的结果是（　　　）。

3. class 表和 student 表通过 cno 进行内连接，连接后的结果是（　　　）。

4. student 表和 class 表通过 cno 进行右连接，连接后的结果是（　　　）。

A.

cno	cname	cnum	sid	sname	cno(1)
1	19会计信息管理1班	51	101	刘晓晓	1
2	19会计信会计息管理2	51	201	刘媛媛	2

B.

cno	cname	cnum	sid	sname	cno(1)
1	19会计信息管理1班	51	101	刘晓晓	1
2	19会计信会计息管理2	51	201	刘媛媛	2
3	19会计信会计息管理3	51	(Null)	(Null)	(Null)

C.

sid	sname	cno	cno(1)	cname	cnum
101	刘晓晓	1	1	19会计信息管理1班	51
201	刘媛媛	2	2	19会计信会计息管理2	51
(Null)	(Null)	(Null)	3	19会计信会计息管理3	51

D.

cno	cname	cnum	sid	sname	cno(1)
1	19会计信息管理1班	51	201	刘媛媛	2
1	19会计信息管理1班	51	101	刘晓晓	1
2	19会计信会计息管理2	51	201	刘媛媛	2
2	19会计信会计息管理2	51	101	刘晓晓	1
3	19会计信会计息管理3	51	201	刘媛媛	2
3	19会计信会计息管理3	51	101	刘晓晓	1

任务三　聚合函数和嵌套查询

动画 3.3

学习目标

【知识目标】掌握对数据列求记录数、求和、求平均值、求最大值、求最小值的聚合函数用法及嵌套查询的方法。

【技能目标】能在不同业务场景中使用 SQL 语言完成对数据列求记录数、求和、求平均值、求最大值、求最小值等操作，能完成嵌套查询的操作。

【素质目标】能够正确认识科学发展观的科学内涵，保持财务人的本心，守住财务人的底线，知责于心，履责于行。

德技兼修

大富学长：财务工作中经常会有将目标企业的净利润和行业平均净利润进行比较、目标部门平均工资与整个企业平均工资水平进行比较，以及分析部门薪资情况等需求。使用聚合函数，可以对企业的财务数据进行特定的计算，如求平均值、求最大值、求最小值等。

小强：今天我使用求最大值函数、求最小值函数和求平均值函数时发现，同一个企业不同年份的财务数据其实是有波动的，不同企业同一个年份的财务数据波动更大，财务分析需要注意的细节太多了。

大富学长：财务人员需要做到细心谨慎。欧阳修的《伶官传序》中有一句话，"祸患常积于忽微，而智勇多困于所溺"。这句话讲的是，人做事常常因为不注意细节而失败，聪明勇敢的人大多被他所溺爱的人逼到绝境。作为财务人员，我们在工作中必须密切关注财务数据中的异常征兆，时刻关注风险、分析风险，对公司管理层提供风险预警。企业财务数据的恶化，并不是突如其来的，而是由轻到重、由量变到质变的，最终演变成不可控的局面。财务人员应及时识别风险，给出警示。

来自企业的技能任务

序号	岗位技能要求	对应企业任务
1	COUNT()函数	【任务 3.3.1】在 xzgl 数据库中查询 employees 表，求出该企业的员工总人数，以及分配了部门的员工总人数
2	添加 DISTINCT 的 COUNT()函数	【任务 3.3.2】在 xzgl 数据库中查询 employees 表，得出该企业员工的受教育层次有几种
3	SUM()函数和 AVG()函数	【任务 3.3.3】在 xzgl 数据库中查询 salary 表，求出平均应发工资及应发工资的合计
4	嵌套查询	【任务 3.3.4】在 xzgl 数据库中查询 salary 表，得出应发工资小于企业平均应发工资的员工的薪资情况，并按应发工资降序排列
5	MIN()函数	【任务 3.3.5】在 xzgl 数据库中查询 salary 表，得出应发工资最低的员工的薪资情况
6	MAX()函数	【任务 3.3.6】在 xzgl 数据库中查询 salary 表，得出应发工资最高的员工的薪资情况

学知识技能

SELECT 查询语句还可以包含聚合函数。聚合函数用于对一组数值进行计算，然后返回单个值。常用的聚合函数如表 3.3.1 所示。

表 3.3.1　　　　　　　　　　　　常用聚合函数

名称	描述
COUNT()	使用 COUNT(*) 或者 COUNT(列名)求出全部的记录数
SUM()	使用 SUM(列名)计算指定列的和
AVG()	使用 AVG(列名)计算指定列的平均值
MAX()	使用 MAX(列名)求出指定列的最大值
MIN()	使用 MIN(列名)求出指定列的最小值

一、COUNT()函数

聚合函数中经常使用的是 COUNT()函数，用于统计一组数值中满足条件的行数或总行数，返回 SELECT 语句检索到的行中非 NULL 的数目。若找不到满足条件的行，则返回 0。其语法格式为：

```
COUNT (表达式) 或者 COUNT (*)
```

其中，表达式可以是常量、列、函数等，其数据类型可以是除 blob 或 text 之外的任何类型，如数值型、其他字符串型及日期和时间型。表达式前可以使用关键字 ALL 表示对所有值进行运算，使用关键字 DISTINCT 表示去除重复值，默认使用 ALL。使用 COUNT(*)时，将返回检索行的总数目，不论其是否包含 NULL。

【任务 3.3.1】在 xzgl 数据库中查询 employees 表，求出该企业的员工总人数，以及分配了部门的员工总人数。

在编译窗口录入并运行以下代码，执行结果如图 3.3.1 所示。employees 表中的 dnum 列有 13 行数据，其中有一个员工没有分配部门，因此该列有一个 NULL 值。COUNT(dnum)不会计算有 NULL 值的行。

```
SELECT COUNT(*)  总人数,COUNT(dnum)  分配了部门的总人数
FROM employees;
```

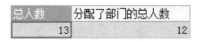

图 3.3.1　企业员工总数及分配部门的员工数

【任务 3.3.2】在 xzgl 数据库中查询 employees 表，得出该企业员工的受教育层次有几种。

在编译窗口录入并运行以下代码，执行结果如图 3.3.2 所示。

```
SELECT COUNT(distinct education) 受教育层次
FROM employees;
```

图 3.3.2　企业员工受教育层次种类

二、SUM()函数和 AVG()函数

SUM()函数和 AVG()函数分别用于计算表达式中所有值的总和与平均值。其语法格式为：

```
SUM(表达式)
AVG(表达式)
```

其中，表达式可以是常量、列、函数等，其数据类型同 COUNT()函数。表达式前可以使用关键字 ALL 表示对所有值进行运算，使用关键字 DISTINCT 表示去除重复值，默认使用 ALL。

【任务 3.3.3】在 xzgl 数据库中查询 salary 表，求出平均应发工资及应发工资的合计。

在编译窗口录入并运行以下代码，执行结果如图 3.3.3 所示。

```
SELECT AVG(payroll) 平均工资, SUM(payroll) 工资合计
FROM salary;
```

平均工资	工资合计
8250.000000	99000.00

图 3.3.3　平均应发工资和应发工资合计

三、嵌套查询

一个内层查询语句块（SELECT-FROM-WHERE）可以嵌套在一个外层查询语句块的 WHERE 子句中，其中，外层查询也称为父查询、主查询，内层查询也称为子查询、从查询。子查询一般不使用 ORDER BY 子句，只能对最终查询结果进行排序。嵌套查询的工作方式是：先处理内层查询，由内向外处理；外层查询利用内层查询的结果。

【任务 3.3.4】在 xzgl 数据库中查询 salary 表，得出应发工资小于企业平均应发工资的员工的薪资情况，并按应发工资降序排列。

本任务需要先求出企业员工的平均应发工资，然后使用比较运算符"<"将所有员工的应发工资和平均应发工资进行比较。在编译窗口录入并运行以下代码，执行结果如图 3.3.4 所示。

```
SELECT *
FROM salary
WHERE payroll < (SELECT AVG(payroll)
                 FROM salary)
ORDER BY payroll DESC;
```

enum	work_day	base_wage	merits_wage	bonus_money	subsidy_money	social_base	extra_deduction	loss_money	payroll	per_insurance_fund
5001	22	3000.00	300.00	4000.00	800.00	7840.00	0.00	0.00	8100.00	235.20
1003	22	3000.00	300.00	4000.00	300.00	7340.00	0.00	0.00	7600.00	220.20
4002	22	3000.00	300.00	4000.00	300.00	7340.00	400.00	0.00	7600.00	220.20
5002	22	3000.00	300.00	3500.00	800.00	7340.00	400.00	0.00	7600.00	220.20
2002	22	3000.00	300.00	3500.00	300.00	6840.00	0.00	0.00	7100.00	205.20
3001	22	3000.00	200.00	3500.00	300.00	6740.00	3000.00	0.00	7000.00	202.20
4001	22	3000.00	300.00	3000.00	800.00	6340.00	400.00	0.00	6600.00	190.20

图 3.3.4　应发工资小于企业平均应发工资的员工的薪资情况

四、MAX()函数和 MIN()函数

MAX()函数和 MIN()函数分别用于求出表达式中所有值的最大值与最小值，其语法格式为：

```
MAX(表达式)
MIN(表达式)
```

其中，表达式可以是常量、列、函数等，其数据类型与 COUNT() 函数的相同。表达式前可以使用关键字 ALL 表示对所有值进行运算，使用关键字 DISTINCT 表示去除重复值，默认使用 ALL。

【任务 3.3.5】在 xzgl 数据库中查询 salary 表，得出应发工资最低的员工的薪资情况。

本任务需要先求出企业员工的最低应发工资，然后使用比较运算符"="将所有员工的应发工资和最低应发工资进行比较，找到应发工资最低的员工。在编译窗口录入并运行以下代码，执行结果如图 3.3.5 所示。

```
SELECT *
FROM salary
WHERE payroll = (SELECT MIN(payroll)
                 FROM salary);
```

enum	work_day	base_wage	merits_wage	bonus_money	subsidy_money	social_base	extra_deduction	loss_money	payroll	per_insurance_fund
4001	22	3000.00	300.00	2500.00	800.00	6340.00		0.00	6600.00	190.20

图 3.3.5　应发工资最低的员工的薪资情况

【任务 3.3.6】在 xzgl 数据库中查询 salary 表，得出应发工资最高的员工的薪资情况。

本任务需要先求出企业员工的最高应发工资，然后使用比较运算符"="将所有员工的应发工资和最高应发工资进行比较，找到应发工资最高的员工。在编译窗口录入并运行以下代码，执行结果如图 3.3.6 所示。

```
SELECT *
FROM salary
WHERE payroll = (SELECT MAX(payroll)
                 FROM salary);
```

enum	work_day	base_wage	merits_wage	bonus_money	subsidy_money	social_base	extra_deduction	loss_money	payroll	per_insurance_fund
1001	22	6000.00	700.00	3500.00	800.00	10740.00	0.00	0.00	11000.00	322.20

图 3.3.6　应发工资最高的员工的薪资情况

练知识技能

【任务 3.3.7】在 lhtz 数据库中查询 income 表和 stock_industry 表，求出 income 表存储的 2020 年年报数据中电子行业企业的总个数。

（1）对两个表进行内连接。

```
SELECT *
FROM income a
INNER JOIN stock_industry b
ON a.ts_code=b.ts_code;
```

（2）对两个表的连接数据集进行筛选，找到行业为电子行业、报表日期为 2020 年 12 月的数据。

```
SELECT *
FROM income a
INNER JOIN stock_industry b
ON a.ts_code=b.ts_code
WHERE b.industry='电子' AND a.end_date LIKE '2020-12-%';
```

（3）使用聚合函数 COUNT() 进行统计。在编译窗口录入并运行以下代码，执行结果如图 3.3.7 所示。

```
SELECT COUNT(*) 总数
FROM income a
INNER JOIN stock_industry b
ON a.ts_code=b.ts_code
WHERE b.industry='电子' AND a.end_date LIKE '2020-12-%';
```

总数
▶ 4

图 3.3.7　满足条件的电子行业企业总数

【任务 3.3.8】在 lhtz 数据库中查询 income 表和 stock_industry 表，求出医药生物行业企业 2020 年净利润的最高值。

（1）对两个表进行内连接。

```
SELECT *
FROM income a
INNER JOIN stock_industry b
ON a.ts_code=b.ts_code;
```

（2）对两个表的连接数据集进行筛选，找到行业为医药生物、报表日期为 2020 年 12 月的数据，查询结果如图 3.3.8 所示。

```
SELECT net_profit,b.code_name,a.end_date
FROM income a
INNER JOIN stock_industry b
ON a.ts_code=b.ts_code
WHERE b.industry='医药生物' AND a.end_date LIKE '2020-12-%';
```

net_profit	code_name	end_date
1103.65	海特生物	2020-12-31
1363.84	康华生物	2020-12-31
1413.75	天坛生物	2020-12-31

图 3.3.8　income 表中 2020 年医药生物行业企业净利润情况

（3）使用聚合函数 MAX() 求出最大值。在编译窗口录入并运行以下代码，执行结果如图 3.3.9 所示。

```
SELECT MAX(net_profit)
FROM income a
INNER JOIN stock_industry b
ON a.ts_code=b.ts_code
WHERE b.industry='医药生物' AND a.end_date LIKE '2020%';
```

MAX(net_profit)
1413.75

图 3.3.9　income 表中 2020 年医药生物行业企业净利润最高值

【任务 3.3.9】在 lhtz 数据库中查询 balancesheet 表和 stock_industry 表，求出电子行业各企业 2021 年年报中资产负债率最高的企业名称及其对应的资产负债率。

（1）对两个表进行内连接。

```
SELECT *
FROM balancesheet a
INNER JOIN stock_industry b
ON a.ts_code=b.ts_code;
```

（2）对两个表的连接数据集进行筛选，找到行业为电子、报表日期为 2021 年 12 月的数据，执行结果如图 3.3.10 所示。

```
SELECT a.assets, a.liabilities, a.liabilities /a.assets, b.code_name,a.end_date
FROM balancesheet a
INNER JOIN stock_industry b
ON a.ts_code=b.ts_code
WHERE b.industry='电子' AND a.end_date LIKE '2021-12-%';
```

assets	liabilities	a.liabilities /a.assets	code_name	end_date
4987.00	2141.00	0.429316	台基股份	2021-12-31
5350.00	2488.00	0.465047	国民技术	2021-12-31
5179.00	2322.00	0.448349	乾照光电	2021-12-31
5179.00	2224.00	0.429427	北京君正	2021-12-31

图 3.3.10　balancesheet 表中 2021 年电子行业企业资产负债率情况

（3）使用聚合函数 MAX()求出最大值。在编译窗口录入并运行以下代码，执行结果如图 3.3.11 所示。

```
SELECT MAX(a.liabilities /a.assets)
FROM balancesheet a
INNER JOIN stock_industry b
ON a.ts_code=b.ts_code
WHERE b.industry='电子' AND a.end_date LIKE '2021-12-%';
```

max(a.liabilities /a.assets)
0.465047

图 3.3.11　balancesheet 表中 2021 年电子行业企业资产负债率最高值

【任务 3.3.10】在 lhtz 数据库中查询 income 表和 stock_industry 表，求出医药生物行业各企业 2021 年年报中净利润的最高值，以及对应企业的证券代码。

本任务可以在任务 3.3.8 的基础上修改相关查询条件完成。在编译窗口录入并运行以下代码，执行结果如图 3.3.12 所示。

```
SELECT ts_code,net_profit
FROM income
WHERE net_profit=(SELECT MAX(net_profit)
                FROM income a
                INNER JOIN stock_industry b
                ON a.ts_code=b.ts_code
                WHERE b.industry='医药生物' AND a.end_date LIKE '2020%')
```

ts_code	net_profit
600161	1413.75

图 3.3.12　income 表中 2021 年医药生物行业企业净利润最高值及对应企业的证券代码

固知识技能

一、单选题

1. 以下聚合函数中，用于求数据平均值的是（　　　）。

    A. MAX()　　　　　B. SUM()　　　　　C. COUNT()　　　　　D. AVG()

2. 运行以下代码，能够得出图 3.3.13 中女会员人数的是（　　　）。

身份证号	会员姓名	性别	会员密码	联系电话	注册时间
1101011980010130	张凯	男	080100	136113200001	2007-01-15 09:12:23
1101021981030100	赵宏宇	男	080100	13601234123	2007-03-04 18:23:45
1101081980030120	李小冰	女	080100	13651111081	2007-01-18 08:57:18
1101081982050100	王林	男	080100	12501234123	2007-01-12 08:12:30
4201031962010101	张莉	女	123456	13822555432	2012-09-23 00:00:00
4301031962010101	李华	女	123456	13822551234	2013-08-23 00:00:00
4301031986082019	张三	男	222222	51985523	2007-01-23 08:15:45

图 3.3.13　会员表

    A. SELECT COUNT(*) FROM 会员表；

    B. SELECT COUNT(*) FROM 会员表 WHERE 性别='女'；

    C. SELECT SUM(*) FROM 会员表 WHERE 性别='女'；

    D. SELECT AVG(*) FROM 会员表 WHERE 性别='女'；

二、编程题

1. 查询 gdzc 数据库中的 fixed_assets_depreciation 表，使用 COUNT()函数求出固定资产使用状态为"正常使用"的固定资产数量。

2. 查询 gdzc 数据库中的 fixed_assets_depreciation 表，使用 SUM()函数求出 2018 年购买的固定资产原值合计。

3. 查询 gdzc 数据库中的 fixed_assets_depreciation 表，使用 MIN()函数求出购买日期最早的固定资产的名称。

4. 查询 gdzc 数据库中的 fixed_assets_depreciation 表，使用 AVG()函数求出使用部门是"生产部"的固定资产的原值平均值。

_____

_____

_____

_____

任务四　分组查询

动画 3.4

学习目标

【知识目标】掌握数据表的分组查询方法和有条件的分组查询方法。

【技能目标】能在适当的业务场景中使用 SQL 语言完成数据表的分组查询、有条件的分组查询。

【素质目标】树立辩证地看待事物的观念，能够从多视角、多立场看待问题和解决问题。

德技兼修

小强：学长，我们在前面学习了使用聚合函数求解数据列统计信息的方法，但工作中除了需要计算整个列的聚合值，有时还需要计算列中若干类分组数据的聚合值并进行比较。比如，已经知道企业的平均应发工资，但是还想知道某员工所在部门的平均应发工资，是不是就要使用分组命令了？

大富学长：是的，使用分组命令可以从多个维度对数据进行比较，帮助我们从更多角度分析问题。

来自企业的技能任务

序号	岗位技能要求	对应企业任务
1	使用 GROUP BY 子句	【任务 3.4.1】在 xzgl 数据库中查询 employees 表和 salary 表，求出企业中男、女员工的平均应发工资
2	GROUP BY 子句与 ORDER BY 子句组合使用	【任务 3.4.2】在 xzgl 数据库中查询 employees 表和 salary 表，求出企业各个教育层次员工的平均应发工资，并将结果按照平均应发工资升序排列
3	对 3 张表进行内连接并进行分组	【任务 3.4.3】在 xzgl 数据库中查询 employees 表、salary 表和 departments 表，求出企业中各部门员工的平均应发工资、各部门员工的应发工资合计，并将结果按照应发工资合计升序排列
4	使用 HAVING 子句	【任务 3.4.4】在任务 3.4.2 求出该企业各个教育层次员工的平均应发工资的基础上，筛选出平均应发工资大于 8 000 元的教育层次和对应的薪资情况

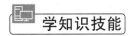 学知识技能

一、GROUP BY 子句

前面我们学习了使用聚合函数对数据表中的数据进行统计、计算的方法。然而有些时候，我们并不打算关注表中全部数据的聚合值，而是想关注表中一个较小分组的聚合值。比如，教育研究人员更倾向于知道不同受教育程度的员工在企业中的薪资水平，成本管理者更倾向于分析不同部门的薪资水平。GROUP BY 子句结合聚合函数使用，可以针对一个或多个列的结果集进行分组计算，方便相关研究人员对数据产生的原因进行分析。其语法格式为：

```
SELECT 分组的列名，聚合函数(列名)
FROM 表名
WHERE 表达式
GROUP BY 分组的列名;
```

【任务 3.4.1】在 xzgl 数据库中查询 employees 表和 salary 表，求出企业中男、女员工的平均应发工资。

employees 表中存放了企业所有员工的详细个人信息，salary 表中存放了所有员工的薪资情况，这两张表在数据库中各司其职。本任务要对不同性别员工的平均应发工资进行计算，因此需要对这两张表进行内连接。由于需要对不同性别员工的平均应发工资进行分析，所以需要使用 GROUP BY 子句按不同性别对员工进行分组，然后使用聚合函数对应发工资进行聚合运算。在编译窗口录入并运行以下代码，执行结果如图 3.4.1 所示。

```
SELECT a.sex, AVG(b.payroll) /*使用AVG(b.payroll)按不同性别进行平均应发工资的计算*/
FROM employees a
INNER JOIN salary b
ON a.enum=b.enum
GROUP BY a.sex;                    /* 使用 GROUP BY 子句按不同性别对员工进行分组*/
```

sex	AVG(b.payroll)
男	7775.000000
女	9200.000000

图 3.4.1　不同性别员工平均应发工资

使用聚合函数和 GROUP BY 子句的要点是：如果要对某列进行分组，那么这个列的名称最好和聚合函数并列出现在 SELECT 语句处。比如，对 sex 列进行分组，则 SELECT 语句使用聚合函数 AVG(b.payroll)，并将 sex 列也一并放在 SELECT 查询语句处。

【任务 3.4.2】在 xzgl 数据库中查询 employees 表和 salary 表，求出企业各个教育层次员工的平均应发工资，并将结果按照平均应发工资升序排列。

由于需要查询的数据分布在两张数据表中，因此要进行两张表的内连接；由于要对查询结果进行排序，所以要将排序语句写在最后。在编译窗口录入并运行以下代码，执行结果如图 3.4.2 所示。

```
SELECT a.education, AVG(b.payroll)
FROM employees a
INNER JOIN salary b
ON a.enum=b.enum
```

```
GROUP BY a.education
ORDER BY AVG(b.payroll);
```

educa...	AVG(b.payroll)
硕士	7600.000000
本科	7850.000000
博士	8500.000000
大专	8583.333333

图 3.4.2　各个教育层次员工的平均应发工资

【任务 3.4.3】在 xzgl 数据库中查询 employees 表、salary 表和 departments 表，求出企业中各部门员工的平均应发工资、各部门员工的应发工资合计，并将结果按照应发工资合计升序排列。

本任务需要分析各部门员工的平均应发工资和应发工资合计，而存储企业员工薪资数据的 salary 表并没有和员工部门相关的数据，因此需要将其和 employees 表进行内连接，从而得到各员工所在部门的编号。如果想知道员工所在具体部门的名称，还需要将 employees 表和 departments 表进行内连接。

3 张表进行内连接的思路是：将和其他两张表都有联系的 employees 表作为主表，使用 INNER JOIN 语句将其和另外两张表进行内连接。在编译窗口录入并运行以下代码，执行结果如图 3.4.3 所示。

```
SELECT c.dname, AVG(payroll), SUM(payroll)
FROM employees a
INNER JOIN salary b
ON a.enum=b.enum
/*employees 表和 salary 表通过 enum 进行内连接 */
INNER JOIN departments c
ON a.dnum=c.dnum
/*employees 表和 departments 表通过 dnum 进行内连接 */
GROUP BY c.dname        /*按部门名称对员工进行分组*/
ORDER BY SUM(payroll);
```

dname	AVG(payroll)	SUM(payroll)
经理办公室	7750.000000	15500.00
市场部	7850.000000	15700.00
行政部	8400.000000	16800.00
生产部	7933.333333	23800.00
财务部	9066.666667	27200.00

图 3.4.3　各部门员工的平均应发工资和应发工资合计

二、HAVING 子句

WHERE 子句无法与聚合函数一起使用，因此 SQL 语句中增加了 HAVING 子句。HAVING 子句通常与 GROUP BY 子句一起使用，因为 HAVING 子句的作用是对使用 GROUP BY 子句进行分组统计后的结果做进一步的筛选。其语法格式为：

```
SELECT 列名 1, 聚合函数(列名 2)
FROM 表名
WHERE 表达式
GROUP BY 列表 1
HAVING 聚合函数(列名 2) 运算符 值;
```

其中，WHERE 子句只能接收 FROM 子句输出的数据，而 HAVING 子句则可以接收来自 GROUP BY 子句、WHERE 子句和 FROM 子句的输入。HAVING 子句会在分组后对分组形成的结果进行筛选。

【任务 3.4.4】在任务 3.4.2 求出该企业各个教育层次员工的平均应发工资的基础上，筛选出平均应发工资大于 8 000 元的教育层次和对应的薪资情况。

这里可以直接复用任务 3.4.2 的代码，添加 HAVING 子句进行有条件的查询。在编译窗口录入并运行以下代码，即可显示符合要求的数据，结果如图 3.4.4 所示。

```
SELECT a.education, avg(b.payroll)
FROM employees a
INNER JOIN salary b
ON a.enum=b.enum
GROUP BY a.education
HAVING avg(b.payroll)>=8000    /* WHERE 子句中不能出现聚合函数，因此只能用 HAVING 子句*/
ORDER BY avg(b.payroll);
```

educa.	AVG(b.payroll)
博士	8500.000000
大专	8583.333333

图 3.4.4　平均应发工资大于 8 000 元的查询

【任务 3.4.5】对 income 表的报告期 end_date 列字段进行分组，求出各个年度企业净利润 net_profit 的平均值，并筛选出平均净利润大于 400 万元的年度，结果按净利润升序排列，保留两位小数。

为了对结果保留两位小数，可以使用 ROUND 函数。在编译窗口录入并运行以下代码，执行结果如图 3.4.5 所示。

```
SELECT end_date, ROUND(AVG(net_profit),2) avg_net_profit
FROM income
GROUP BY end_date
HAVING avg_net_profit > 400
ORDER BY avg_net_profit;
```

end_date	avg_net_profit
2021-12-31	462.93
2019-12-31	519.75
2020-12-31	757.23

图 3.4.5　income 表所有企业各个年度的平均净利润

练知识技能

【任务 3.4.6】将 stock_industry 表和 income 表进行内连接，将行业 industry 列字段进行分组，求出 2020 年各行业所有企业的平均净利润，并筛选出平均净利润大于 200 万元的行业，结果按净利润升序排列。

（1）完成两个表的内连接，并筛选出 2020 年各企业的净利润数据。在编译窗口录入并运行以下代码，执行结果如图 3.4.6 所示。

```
SELECT a.*,b.end_date,b.net_profit
FROM stock_industry a
```

```
INNER JOIN income b
ON a.ts_code=b.ts_code
WHERE b.end_date LIKE '2020%';
```

ts_code	code_name	industry	end_date	net_profit
300046	台基股份	电子	2020-12-31	290.25
300077	国民技术	电子	2020-12-31	138.00
300102	乾照光电	电子	2020-12-31	216.00
300123	亚光科技	国防军工	2020-12-31	311.25
300223	北京君正	电子	2020-12-31	389.25
300683	海特生物	医药生物	2020-12-31	1103.65
300841	康华生物	医药生物	2020-12-31	1363.84
600004	白云机场	交通运输	2020-12-31	1589.09
600161	天坛生物	医药生物	2020-12-31	1413.75

图 3.4.6　stock_industry 表和 income 表内连接结果

（2）在内连接数据集的基础上对相同行业的数据进行分组，求出同行业净利润的平均值，并筛选出平均净利润大于 200 万元的行业，结果按净利润升序排列。在编译窗口录入并运行以下代码，执行结果如图 3.4.7 所示。

```
SELECT a.industry,ROUND(AVG(b.net_profit),2) industry_net_profit
FROM stock_industry a
INNER JOIN income b
ON a.ts_code=b.ts_code
WHERE b.end_date LIKE '2020%'
GROUP BY a.industry
HAVING industry_net_profit > 200
ORDER BY industry_net_profit;
```

industry	industry_net_profit
电子	258.38
国防军工	311.25
医药生物	1293.75
交通运输	1589.09

图 3.4.7　2020 年各行业所有企业的平均净利润

【任务 3.4.7】对 stock_industry 表和 balancesheet 进行内连接，并对企业所属行业进行分组，求出 2021 年各个行业的资产负债率均值，筛选出资产负债率均值大于 0.2 的行业数据，结果按资产负债率均值升序排列。

（1）完成两个表的内连接并筛选出 2021 年数据。在编译窗口录入并运行以下代码，执行结果如图 3.4.8 所示。

```
SELECT a.*,b.liabilities/assets
FROM stock_industry a
INNER JOIN balancesheet b
ON a.ts_code=b.ts_code
WHERE b.end_date LIKE '2021%';
```

ts_code	code_name	industry	b.liabilities/assets
300046	台基股份	电子	0.429316
300077	国民技术	电子	0.465047
300102	乾照光电	电子	0.448349
300123	亚光科技	国防军工	0.518732
300223	北京君正	电子	0.429427
600000	浦发银行	银行	0.266068

图 3.4.8　stock_industry 表和 balancesheet 表内连接结果

（2）在内连接数据集的基础上对相同行业的数据进行分类，求出同行业资产负债率的平均值，并进行排序。在编译窗口录入并运行以下代码，执行结果如图 3.4.9 所示。

```
SELECT a.industry,ROUND(AVG(b.liabilities/assets),2) avg_asset_liability_ratio
FROM stock_industry a
INNER JOIN balancesheet b
ON a.ts_code=b.ts_code
WHERE b.end_date LIKE '2021%'
GROUP BY a.industry
HAVING avg_asset_liability_ratio > 0.2
ORDER BY avg_asset_liability_ratio;
```

industry	avg_asset_liability_ratio
银行	0.27
电子	0.44
国防军工	0.52

图 3.4.9　2021 年各行业资产负债率均值

固知识技能

一、单选题

1. 使用 SQL 语句进行分组检索，为了去掉不满足条件的分组，应当（　　）。
    A. 使用 WHERE 子句
    B. 在 GROUP BY 后面使用 HAVING 子句
    C. 先使用 WHERE 子句，再使用 HAVING 子句
    D. 先使用 HAVING 子句，再使用 WHERE 子句

2. 以下关于 ORDER BY 和 GROUP BY 的描述错误的是（　　）。
    A. ORDER BY 从字面理解就是行的排序方式，默认为升序
    B. ORDER BY 后面必须列出排序的字段名，可以是多个字段名
    C. GROUP BY 的主要功能就是分组，必须有聚合函数配合才能使用
    D. ORDER BY 和 GROUP BY 可以相互替换使用

二、编程题

1. 在 gdzc 数据库的 fixed_assets_depreciation 表中，统计各种使用状态下固定资产的数量。

_____

_____

2. 在 gdzc 数据库的 fixed_assets_depreciation 表中，统计各部门购买固定资产的数量。

_____

_____

3. 在 gdzc 数据库的 fixed_assets_depreciation 表中，计算各部门固定资产原值的平均值。

_____

_____

任务五　视图

动画 3.5

学习目标

【知识目标】掌握数据库视图的创建、查询、删除方法，以及通过视图在基本表中插入、修改和删除数据的方法。

【技能目标】能在适当的业务场景中使用 SQL 语言完成数据库视图的创建、查询，能通过视图在基本表中插入、修改和删除数据，能删除视图。

【素质目标】树立在实践中创造人生价值的理念，养成积极动手实践的好习惯，培养创新意识。

德技兼修

小强：学长，在前面的任务中我们为了计算所有企业 2021 年的总资产净利率，使用 CREATE TABLE 语句创建了两张新表 income2021 和 avg_assets2021。创建新表是不是意味着需要在计算机的磁盘空间中存储新表数据？我预习了视图的概念。视图是虚拟表，本身是不存储数据的。如果不想分配额外的磁盘空间，是不是可以用视图来完成这个任务？

大富学长：你的想法非常好。《周易》中的"终日乾乾，与时偕行"，讲的就是我们应当克服怠惰、孜孜以求、自强不息。你能坚持学习，不断提出解决问题的新方法，值得表扬。

来自企业的技能任务

序号	岗位技能要求	对应企业任务
1	创建视图	【任务 3.5.1】在 lhtz 数据库中有一个基本表 profit_steel_5，该表存储了 2017—2021 年 5 年中钢铁行业所有上市企业第 4 季度的盈利能力数据。请创建视图 view_steel_2021，用该视图存储 2021 年钢铁行业所有上市企业第 4 季度的盈利能力数据，并将查询结果按照 code 列升序排列
		【任务 3.5.2】在 lhtz 数据库中创建视图 view_steel_000708，用该视图存储钢铁行业证券代码为 sz.000708 的企业 2017—2021 年第 4 季度的盈利能力数据，并将查询结果按照 roeAvg 列升序排列
		【任务 3.5.3】在 lhtz 数据库中创建视图 view_steel_avg，用该视图存储钢铁行业 2017—2021 年 5 年中所有上市企业第 4 季度的盈利能力数据的平均值，并将查询结果按照 statDate 列升序排列
2	查询视图	【任务 3.5.4】查询视图 view_steel_2021，以了解 2021 年钢铁行业所有上市企业第 4 季度的盈利能力数据
		【任务 3.5.5】查询视图 view_steel_000708，以了解钢铁行业证券代码为 sz.000708 的企业 2017—2021 年第 4 季度的盈利能力数据
		【任务 3.5.6】查询视图 view_steel_avg，以了解钢铁行业 2021 年所有上市企业第 4 季度盈利能力数据的平均值
3	插入数据	【任务 3.5.7】通过视图 view_steel_000708 向基本表 profit_steel_5 中插入企业 2022 年第 1 季度的盈利能力数据
4	修改数据	【任务 3.5.8】通过视图 view_steel_000708 修改基本表 profit_steel_5 中 2022 年第 1 季度的 roeAvg 指标，并将 0.056 809 修改为 0.056 8

序号	岗位技能要求	对应企业任务
5	删除数据	【任务 3.5.9】通过视图 view_steel_000708 删除基本表 profit_steel_5 中 2022 年第 1 季度的盈利能力数据
6	删除视图	【任务 3.5.10】在 lhtz 数据库中删除视图 view_steel_avg 和视图 view_steel_2021

学知识技能

数据库中的视图是虚拟表，本身并不存储数据。用户视角的视图就如同真实的数据表一样，包含一系列带有名称的列和行。但事实上，视图在数据库中并不以存储的数据形式存在。行数据和列数据来自定义视图的查询语句所引用的数据表，并且是在引用视图时动态生成的。视图中 SELECT 语句涉及的表，称为基本表。针对视图做 DML 操作，会影响到对应基本表中的数据。视图本身被删除，不会导致基本表中的数据被删除，因为视图仅仅存储 SQL 语句，而不存储数据。视图的优点如下。

（1）操作简单。将经常使用的查询操作定义为视图，开发人员不需要关心视图对应的数据表的结构、数据表与数据表之间的关联关系，也不需要关心数据表之间的业务逻辑和查询条件，只需要简单地操作视图即可，极大地简化了开发人员对数据库的操作。

（2）减少数据冗余。视图和实际数据表不一样，它存储的是查询语句。所以，在使用的时候，我们要通过定义视图的查询语句来获取结果集。视图本身不存储数据，不占用存储空间，因此能够减少数据冗余。

（3）保障数据安全。MySQL 将用户对数据的访问限制在某些数据的结果集上，而这些数据的结果集可以使用视图来实现，用户不必直接查询或操作数据表。同时，MySQL 可以根据权限将用户对数据的访问限制在某些视图上，用户可以直接通过视图获取数据表中的信息。这在一定程度上提高了数据表中数据的安全性。比如，针对一个公司的销售人员，如果只想给他提供销售数据，而不提供采购价格之类的数据，则可以通过视图实现。再比如，员工薪资比较敏感，那么可以为其创建视图只给特定人员查看，其他人的查询视图中不提供薪资字段。

（4）适应灵活多变的需求。当业务系统的需求发生变化后，如果需要改动数据表的结构，就可以使用视图来减少改动数据表结构的工作量，这种方式在实际工作中应用较多。

（5）能够分解复杂的查询逻辑。如果数据库中存在复杂的查询逻辑，则可以将问题进行分解，创建多个视图获取数据，再将创建的多个视图结合起来，实现复杂的查询逻辑。

应用视图也有一定的局限性。如果在基础表上创建了视图，若基础表的结构有改动，就需要及时对相关的视图进行维护，特别是嵌套的视图（就是在视图的基础上创建的视图），会增加维护的成本。所以，在创建视图的时候，要结合实际项目需求，综合考虑视图的优点和缺点，合理使用视图，使系统整体性能达到最优。

某些视图可以使用 UPDATE、DELETE 或 INSERT 等命令更新基本表的内容，叫作可更新视图。这些视图中的行和基本表中的行之间必须具有一对一的关系。还有一些特定的结构，会使得视图不可更新。如果视图包含以下结构中的任何一种，它就是不可更新的，财务人员需要了解。

- 聚合函数，如 SUM()、MIN()、MAX()、COUNT() 等。

- DISTINCT 关键字。
- HAVING 子句。
- GROUP BY 子句
- ORDER BY 子句
- UNION 或 UNION ALL 运算符。
- 位于选择列表中的子查询。
- FROM 子句中有不可更新视图或包含多个表。
- WHERE 子句中的子查询引用了 FROM 子句中的表。
- ALGORITHM 选项为 TEMPTABLE（使用临时表会令视图不可更新）。

一、创建视图

使用 CREATE VIEW 语句创建视图的语法格式如下：

```
CREATE VIEW 视图名称
AS  查询语句
```

我们可以为可更新视图指定 WITH CHECK OPTION 子句。指定 WITH CHECK OPTION 子句后，当需要对视图进行插入、修改、删除操作时，必须满足 SELECT 语句中的条件，才可以通过视图对基本表进行插入、修改、删除操作。

【任务 3.5.1】在 lhtz 数据库中有一个基本表 profit_steel_5，该表存储了 2017—2021 年 5 年中钢铁行业所有上市企业第 4 季度的盈利能力数据。请创建视图 view_steel_2021，用该视图存储 2021 年钢铁行业所有上市企业第 4 季度的盈利能力数据，并将查询结果按照 code 列升序排列。

在编译窗口录入并运行如下代码，即可完成视图 view_steel_2021 的创建。视图中存放的是 "SELECT * FROM profit_steel_5 WHERE statDate='2021-12-31'" 这条 SQL 语句，且该视图只包含对一个表的查询。视图 view_steel_2021 为可更新视图，即可以通过该视图修改基本表 profit_steel_5 中的数据。

```
CREATE VIEW view_steel_2021
AS
SELECT *
FROM profit_steel_5
WHERE statDate='2021-12-31'
ORDER BY code;
```

【任务 3.5.2】在 lhtz 数据库中创建视图 view_steel_000708，用该视图存储钢铁行业证券代码为 sz.000708 的企业 2017—2021 年第 4 季度的盈利能力数据，并将查询结果按照 roeAvg 列升序排列。

在编译窗口录入并运行如下代码，即可完成视图 view_steel_000708 的创建。视图里存放的是 "SELECT * FROM profit_steel_5 WHERE code='sz.000708'" 这条 SQL 语句。

```
CREATE VIEW view_steel_000708
AS
SELECT *
FROM profit_steel_5
WHERE code='sz.000708'
ORDER BY roeAvg;
```

【任务 3.5.3】在 lhtz 数据库中创建视图 view_steel_avg，用该视图存储钢铁行业 2017—2021

年 5 年中所有上市企业第 4 季度的盈利能力数据的平均值，并将查询结果按照 statDate 列升序排列。

在编译窗口录入并运行如下代码即可完成视图 view_steel_avg 的创建，视图里存放的是 AS 后的数据语句，该视图包含聚合函数，因此为不可更新视图。

```
CREATE VIEW view_steel_avg
AS
SELECT statDate, AVG(roeAvg),AVG(npMargin),AVG(gpMargin),AVG(netProfit),
AVG(epsTTM),AVG(MBRevenue),AVG(totalShare),AVG(liqaShare)
FROM profit_steel_5
GROUP BY statDate
Order BY statDate;
```

二、查询视图

视图一经定义，就可以如同查询数据表一样，使用 SELECT 语句查询视图中的数据，其语法和查询基础表中数据的语法一样。视图用于查询主要是为了重新格式化检索出的数据，简化复杂的表连接，过滤数据。

【任务 3.5.4】查询视图 view_steel_2021，以了解 2021 年钢铁行业所有上市企业第 4 季度的盈利能力数据。

在编译窗口录入并运行如下代码，即可完成对视图 view_steel_2021 的查询，结果如图 3.5.1 所示。

```
SELECT *
FROM  view_steel_2021;
```

code	pubDate	statDate	roeAvg	npMargin	gpMargin	netProfit	epsTTM	MBRevenue	totalShare	liqaShare
sh.600010	2022-04-15	2021-12-31	0.053053	0.036754	0.111824	3167565113.970000	0.062881	86183145818.410000	45585032648.00	31677211587.00
sh.600019	2022-04-29	2021-12-31	0.125935	0.072609	0.132568	26455020746.380000	1.061234	365495000000.000000	22268411550.00	22212353437.00
sh.600022	2022-03-23	2021-12-31	0.057045	0.026717	0.085076	2961633445.200000	0.112198	97114665842.240000	10946549616.00	10946549616.00
sh.600117	2022-04-30	2021-12-31	-1.328309	-0.218077	0.083921	-2666884398.960000	-1.099021	11655140322.750000	1045118252.00	1045118252.00
sh.600126	2022-04-09	2021-12-31	0.081547	0.032817	0.054746	1639603991.800000	0.485806	49213966184.870000	3377189083.00	3377189083.00
sh.600231	2022-03-02	2021-12-31	0.104820	0.035125	0.073091	918653177.950000	0.322093	24773978863.780000	2852134897.00	2852134897.00

图 3.5.1　2021 年第 4 季度钢铁行业所有上市企业盈利能力数据（前 6 条）

【任务 3.5.5】查询视图 view_steel_000708，以了解钢铁行业证券代码为 sz.000708 的企业 2017—2021 年第 4 季度的盈利能力数据。

在编译窗口录入并运行如下代码，即可完成对视图 view_steel_000708 的查询，结果如图 3.5.2 所示。

```
SELECT *
FROM  view_steel_000708
```

code	pubDate	statDate	roeAvg	npMargin	gpMargin	netProfit	epsTTM	MBRevenue	totalShare	liqaShare
sz.000708	2018-03-08	2017-12-31	0.101889	0.038613	0.115559	394900713.810000	0.878712	9739310950.250000	449408480.00	449408480.00
sz.000708	2019-02-27	2018-12-31	0.121011	0.040577	0.125987	510178493.960000	1.135222	12069087107.960000	449408480.00	449408480.00
sz.000708	2021-03-02	2020-12-31	0.224814	0.080667	0.179698	6028089756.960000	1.193644	74728365792.700000	5047143433.00	1259156149.00
sz.000708	2022-03-11	2021-12-31	0.260083	0.081787	0.171234	7960528297.530000	1.575664	97332335466.560000	5047143433.00	1259156149.00
sz.000708	2020-03-06	2019-12-31	0.363352	0.074208	0.180052	5388995172.190000	1.814294	72619869343.030000	2968907902.00	449408480.00

图 3.5.2　证券代码为 sz.000708 的企业 2017—2021 年第 4 季度的盈利能力数据

【任务 3.5.6】查询视图 view_steel_avg，以了解钢铁行业 2021 年所有上市企业第 4 季度盈利能力数据的平均值。

在编译窗口录入并运行如下代码，即可完成对视图 view_steel_avg 的查询，结果如图 3.5.3 所示。

```
SELECT *
FROM view_steel_avg
WHERE statDate='2021-12-31';
```

statDate	AVG(roeAvg)	AVG(npMargin)	AVG(gpMargin)	AVG(netProfit)	AVG(epsTTM)	AVG(MBRevenue)	AVG(totalShare)	AVG(liqaShare)
▶ 2017-12-31	0.122944249999999999	0.053973125	0.142472375	2464214508.4996877	0.6394716875000003	40479172688.074066	5379172338.96875	4155672670.34375
2018-12-31	0.223883375	0.0779320000000000002	0.1590760625	3432961667.9015627	0.8332690312500001	46137462631.79313	5491108622.34375	4701849144.5625
2019-12-31	0.11759865714285712	0.04874577142857143	0.12610322857142853	1849801476.855143	0.5457849142857143	46494577281.753136	5328097183.742857	4591714142.485714
2020-12-31	0.10267919444444444	0.04820719444444445	0.1216970000000001	1826570468.898611	0.5147660833333334	46406954868.48861	5321795161.833333	4522175677.138889
2021-12-31	0.09951386111111107	0.04802913888888889	0.11725036111111109	3293563215.6291666	0.7305016388888891	65114084534.051674	5394849788.861111	4596516858.055555

图 3.5.3　钢铁行业 2017—2021 年 5 年中所有上市企业第 4 季度的盈利能力数据平均值

三、插入数据

　　视图可以像表一样插入数据，实际操作对象是基本表。使用 INSERT 语句通过视图添加数据的语法格式如下：

```
INSERT INTO 视图名 (字段名 1, 字段名 2, …) VALUES (值 1, 值 2, …);
```

　　【任务 3.5.7】通过视图 view_steel_000708 向基本表 profit_steel_5 中插入企业 2022 年第 1 季度的盈利能力数据，如图 3.5.4 所示。

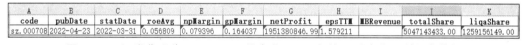

	A	B	C	D	E	F	G	H	I	J	K
	code	pubDate	statDate	roeAvg	npMargin	gpMargin	netProfit	epsTTM	MBRevenue	totalShare	liqaShare
	sz.000708	2022-04-23	2022-03-31	0.056809	0.079396	0.164037	1951380846.99	1.579211		5047143433.00	1259156149.00

图 3.5.4　证券代码为 sz.000708 的企业 2022 年第 1 季度的盈利能力数据

　　在编译窗口录入并运行如下代码，即可通过视图 view_steel_000708 向基本表 profit_steel_5 中插入数据。

```
INSERT INTO view_steel_000708(code,pubDate,statDate,roeAvg,npMargin,gpMargin,
netProfit,epsTTM,totalShare,liqaShare)
VALUES('sz.000708','2022-04-23','2022-03-31',0.056809,0.079396,0.164037,195138
0846.990000,1.579211,5047143433.00,1259156149.00);
```

　　如果在创建视图时添加了 WITH CHECK OPTION 子句，则当后面通过视图对基本表进行数据插入时，必须满足 WEHRE 子句中 code 为“sz.000708”的条件。创建视图的代码如下：

```
CREATE VIEW view_steel_000708_check
AS
SELECT *
FROM profit_steel_5
WHERE code='sz.000708'
ORDER BY roeAvg
WITH CHECK OPTION;
```

　　如果要通过 view_steel_000708_check 视图插入证券代码为“sh.600010”的企业盈利能力数据，由于 WITH CHECK OPTION 的限制会导致无法越界插入数据，这时只能插入符合“WHERE code='sz.000708'”条件的数据。在编译窗口录入并运行如下代码，无法通过视图向基本表中插入证券代码为“sh.600010”的企业盈利能力数据。

```
INSERT INTO view_steel_000708_check(code,pubDate,statDate,roeAvg,npMargin,
gpMargin,netProfit,epsTTM,totalShare,liqaShare)
VALUES('sh.600010','2022-04-23','2022-03-31',0.057809,0.078396,0.165037,196168
0846.990000,1.779211,8047143433.00,1759156149.00);
```

四、修改数据

　　视图还可以像表一样修改数据，实际的操作对象是基本表。使用 UPDATE 语句通过视图修改数据的语法格式如下：

```
UPDATE   视图名
SET   列名 1=表达式 1,列名 2=表达式 2,…
WHERE   条件；
```

【任务 3.5.8】通过视图 view_steel_000708 修改基本表 profit_steel_5 中 2022 年第 1 季度的 roeAvg 指标，并将 0.056 809 修改为 0.056 8。

在编译窗口录入并运行如下代码，即可通过视图 view_steel_000708 修改基本表 profit_steel_5 的数据。

```
UPDATE view_steel_000708
SET roeAvg=0.0568
WHERE statDate='2022-03-31';
```

视图 view_steel_000708_check 中添加了 WITH CHECK OPTION 子句，当要通过视图修改基本表的数据时，必须满足 WEHRE 子句中 code（证券代码）为 "sz.000708" 的条件。如果要通过 view_steel_000708_check 视图修改证券代码 "sh.600010" 的数据，由于 WITH CHECK OPTION 的限制会导致无法越界修改数据，只能修改符合 "WHERE code='sz.000708'" 条件的数据。在编译窗口录入并运行以下代码，无法通过视图修改基本表中对应的数据。

```
UPDATE view_steel_000708_check
SET roeAvg=0.0568
WHERE code='sh.600010';
```

五、删除数据

可以通过视图删除基本表的数据，其语法格式如下：

```
DELETE FROM 视图名 WHERE 条件语句；
```

【任务 3.5.9】通过视图 view_steel_000708 删除基本表 profit_steel_5 中 2022 年第 1 季度的盈利能力数据。

在编译窗口录入并运行如下代码，即可通过视图 view_steel_000708 删除基本表 profit_steel_5 的数据。

```
DELETE FROM view_steel_000708
WHERE statDate='2022-03-31';
```

视图 view_steel_000708_check 中添加了 WITH CHECK OPTION 子句，当想要通过视图删除基本表的数据时，也必须满足 WEHRE 子句中 code 为 "sz.000708" 的条件。如果要通过 view_steel_000708_check 视图删除证券代码为 "sh.600010" 的数据，由于 WITH CHECK OPTION 的限制会导致无法越界删除数据，只能删除符合 "WHERE code='sz.000708'" 条件的数据。在编译窗口中录入并运行以下代码，无法通过视图删除基本表中证券代码为 "sh.600010" 的相关数据。

```
DELETE FROM view_steel_000708_check
WHERE code =' sh.600010';
```

六、删除视图

可以使用 DROP VIEW 语句来删除视图，其语法格式如下：

```
DROP VIEW   视图名 1 ,视图名 2；
```

DROP VIEW 语句可以一次删除多个视图，但是必须在每个视图上拥有删除权限。

【任务 3.5.10】在 lhtz 数据库中删除视图 view_steel_avg 和视图 view_steel_2021。

在编译窗口录入并运行如下代码，即可完成删除视图的任务。

```
DROP VIEW view_steel_avg,view_steel_2021;
```

 **练知识技能**

【任务 3.5.11】对基础表 salary 和 employees 进行左连接，为企业高层管理人员建立应发工资视图 view_em_salary，视图中包含员工编号、员工姓名、性别、应发工资，并将结果按应发工资降序排列。

在编译窗口录入并运行如下代码，即可完成视图 view_em_salary 的创建。视图中存放的是 AS 后的 SQL 语句。该视图涉及多个表，因此它是不可更新。

```
CREATE VIEW view_em_salary
AS
SELECT a.enum,ename,sex,payroll
FROM employees a LEFT JOIN salary b
ON a.enum=b.enum
ORDER BY payroll desc;
```

【任务 3.5.12】帮助企业高层管理人员使用视图 view_em_salary 查询姓名为"李贞雅"的员工的应发工资情况。

在编译窗口录入并运行如下代码，即可完成对视图 view_em_salary 的查询，结果如图 3.5.5 所示。

```
SELECT *
FROM view_em_salary
WHERE enmea='李贞雅';
```

enum	ename	sex	payroll
4003	李贞雅	女	9600.00

图 3.5.5　使用视图 view_em_salary 查询李贞雅的应发工资

固知识技能

一、填空题

1. 数据库中的视图，是_____，本身不存储数据。视图中 SELECT 语句涉及的表，称为_____。视图本身被删除，不会导致基本表中的数据被删除，因为视图仅仅存储_____语句。

2. 某些视图可以使用 UPDATE、DELETE 或 INSERT 等语句更新基本表的内容，叫作_____，这些视图中的行和基本表中的行之间必须具有一对一的关系。还有一些特定的结构，会使得视图_____。

3. 后勤人员需要关心企业的固定资产使用情况，以便更准确地对固定资产进行管理。请在 gdzc 数据库中帮助后勤人员建立 view_asset_status 视图，其中包括固定资产编号、固定资产名称、使用状态。

```
CREATE_____
AS_____
SELECT assets_no,assets_name,
FROM_____
```

4. 查询 gdzc 数据库中的 view_asset_status 视图，查找使用状态为"闲置"的固定资产。

```
SELECT  *
FROM _____
WHERE_____ ='闲置'
```

二、编程题

在 gdzc 数据库中通过 view_asset_status 视图修改 fixed_assets_depreciation 基础表，将使用状态从"正在使用"修改为"正常使用"。

_____

_____

_____

任务六　索引

动画 3.6

学习目标

【知识目标】了解数据库索引的作用和种类，掌握数据库索引的创建和删除方法。

【技能目标】能在适当的业务场景下使用 SQL 语言完成数据库索引的创建和删除操作。

【素质目标】能够勤于学习，善于思考，勇于实践，学会在工作中总结规律，不断提升工作效率。

德技兼修

小强： 索引在数据库操作中的作用非常强大，它可以有效提高查询数据的效率，尤其是在要查询的数据量非常大时，效果更为明显，往往能使查询速度加快成千上万倍。

大富学长： 作为财务人员，我们经常要查询大量的企业数据。掌握数据库索引的相关知识，可以加快查询数据的速度，从而提升工作效率。

小强： 通过这个事情我意识到，学好专业知识，将知识灵活运用，就能提升工作的效率。我一定要努力学习专业知识，为将来建设祖国打好基础！

大富学长： 刘向的《说苑》中有一句话："万物得其本者生，百事得其道者成；道之所在，天下归之。"它的意思是：世间万物如果保住根本就能生长，而一切事情只要符合道义就能成功。其中的"道"引申到学习中就是专业知识，学好专业知识是在校大学生的第一要务。同学们，加油！

来自企业的技能任务

序号	岗位技能要求	对应企业任务
1	使用 CREATE INDEX 语句创建索引	【任务 3.6.1】企业财务人员经常需要通过姓名查询员工的相关信息，在 xzgl 数据库中为 employees 表的 ename 列创建 index_em_name 升序索引，以加快查找速度

续表

序号	岗位技能要求	对应企业任务
2	使用 ALTER TABLE 语句创建索引	【任务 3.6.2】企业财务人员经常需要通过部门名称查询部门的相关信息，使用 ALTER TABLE 语句在 xzgl 数据库中为 departments 表的 dname 列添加升序索引，以加快查找速度
3	创建表时创建索引	【任务 3.6.3】在 xzgl 数据库中创建 departments_copy 表以存放企业所有部门的信息，具体的表结构见表 3.6.1。由于经常需要通过部门编号查询部门数据，可在创建表时创建针对部门编号的主键，以加快查找速度
4	使用 DROP INDEX 语句删除索引	【任务 3.6.4】使用 DROP INDEX 语句删除 xzgl 数据库中 departments_copy 表的 index_depcopy_dnum 索引
5	使用 ALTER TABLE 语句删除索引	【任务 3.6.5】使用 ALTER TABLE 语句删除 xzgl 数据库中 departments_copy 表的主键

学知识技能

一、索引

在关系数据库中，索引是一种对数据表中一列或多列的值进行排序的存储结构，是一种加快数据查找速度的机制。索引的作用相当于图书目录的作用，读者可以根据目录中的页码快速找到所需的内容。如果没有索引，执行查询时，MySQL 必须从第一条记录开始扫描整个表的所有记录，直至找到符合要求的记录。表里面的记录数量越多，查询操作的代价就越高。如果作为搜索条件的列已经创建了索引，MySQL 无须扫描任何记录即可迅速找到目标记录所在的位置。如果表中有 1 000 条记录，通过索引查找记录，要比顺序扫描查找记录至少快 100 倍。索引分为以下 5 种。

1. 普通索引
普通索引是最基本的索引类型。创建普通索引的关键字是 INDEX。

2. 唯一性索引
唯一性索引和普通索引基本相同，但是索引列的所有值都只能出现一次，即必须是唯一的。创建唯一性索引的关键字是 UNIQUE。

3. 主键
主键是一种唯一性索引，它必须指定为"PRIMARY KEY"。一般在创建表的时候指定主键，也可以通过修改表的方式加入主键，但是每个表只能有一个主键。

4. 全文索引
MySQL 支持全文检索和全文索引。全文索引的索引类型为 FULLTEXT。全文索引只能在 VARCHAR 或 text 类型的列上创建。

5. 复合索引
用户还可以在多个列上建立索引，这种索引叫作复合索引（组合索引）。

索引的优点包括：通过创建唯一性索引可以保证数据表中每一行数据的唯一性；可以大大加快数据的查询速度；在实现数据的参考完整性方面，可以加速表与表之间的连接；在使用 GROUP BY 子句和 ORDER BY 子句进行数据查询时，可以显著减少查询中分组和排序的时间。

索引的缺点包括：创建和维护索引要耗费时间，并且随着数据量的增大，所耗费的时间也会增加；索引需要占用一定的磁盘空间，如果有大量的索引，索引文件可能比数据文件占用磁盘空间的速度更快；当对表中的数据进行增加、删除和修改操作时，索引也要随之进行动态维护，这样会降低数据的维护速度。

使用索引时，需要综合考虑索引的优点和缺点。

二、创建索引

1. 使用 CREATE INDEX 语句创建索引

使用 CREATE INDEX 语句可以在已有的数据表中创建索引，且一个表中可以创建多个索引。其语法格式为：

```
CREATE [UNIQUE | FULLTEXT] INDEX 索引名
ON 表名(列名[(长度)] [ASC | DESC],…);
```

具体参数的含义说明如下。

- 索引名：即索引的名称。索引名在一个表中必须是唯一的。
- 列名：表示要创建索引的列名。
- 长度：表示使用列的前多少个字符创建索引。使用列的一部分创建索引，可以使索引文件大大减小，从而节省磁盘空间。
- UNIQUE：表示创建的索引是唯一性索引。
- FULLTEXT：表示创建的索引是全文索引。
- ASC：表示索引按升序排列。
- DESC：表示索引按降序排列。

在实际操作中，CREATE INDEX 语句并不能创建主键。

【任务 3.6.1】企业财务人员经常需要通过姓名查询员工的相关信息，在 xzgl 数据库中为 employees 表的 ename 列创建 index_em_name 升序索引，以加快查找速度。

在编译窗口录入并运行以下代码，即可创建针对员工姓名的普通索引。当企业财务人员通过姓名查询数据（类似 SELECT * FROM employees WHERE ename='贺永念'）时，由于在 ename 列建立了索引，数据库的查询速度会提高。

```
CREATE INDEX index_em_name
ON employees(ename asc);
```

2. 使用 ALTER TABLE 语句创建索引

使用 ALTER TABLE 语句修改表，其中包括向表中添加索引。其语法格式为：

```
ALTER TABLE 表名
    ADD INDEX [索引名] (列名,…)              /*添加普通索引*/
    | ADD PRIMARY KEY [索引方式] (列名,…)      /*添加主键*/
    | ADD UNIQUE [索引名] (列名,…)            /*添加唯一性索引*/
    | ADD FULLTEXT [索引名] (列名,…);         /*添加全文索引*/
```

【任务 3.6.2】企业财务人员经常需要通过部门名称查询部门的相关信息，使用 ALTER TABLE 语句在 xzgl 数据库中为 departments 表的 dname 列添加升序索引，以加快查找速度。

在编译窗口录入并运行以下代码，即可创建针对部门名称的 index_dep_dname 索引。当企业财务人员通过部门名称查询数据（类似 SELECT * FROM departments WHERE dname='财务部'）时，由于在 dname 列建立了索引，数据库的查询速度会加快。

```
ALTER TABLE departments
    ADD INDEX index_dep_dname(dname);
```

3. 创建表时创建索引

前面两种方法中，索引都是在创建表之后创建的。索引也可以在创建表时一起创建。在创建表的 CREATE TABLE 语句中可以包含索引的定义。其语法格式为：

```
CREATE TABLE 表名 ( 列名，… | [索引项])
```

其中，索引项语法格式如下：

```
PRIMARY KEY (列名，…)                      /*主键*/
  | {INDEX | KEY} [索引名] (列名，…)        /*普通索引*/
  | UNIQUE [INDEX] [索引名] (列名，…)       /*唯一性索引*/
  | [FULLTEXT] [INDEX] [索引名] (列名，…);  /*全文索引*/
```

KEY 通常是 INDEX 的同义词。在定义列的时候，也可以将某列定义为 PRIMARY KEY，但若主键是由多个列组成的多列索引，则定义列时无法定义此主键，必须在语句最后加上 PRIMARY KEY(列名1,列名2,…)子句。

【任务 3.6.3】在 xzgl 数据库中创建 departments_copy 表以存放企业所有部门的信息，具体的表结构见表 3.6.1。由于经常需要通过部门编号查询部门数据，可在创建表时创建针对部门编号的主键，以加快查找速度。

表 3.6.1　　　　　　　　工作部门情况表 departments_copy 结构

列名	数据类型	是否为空	备注
dnum	CHAR(3)	not null	部门编号，主键
dname	CHAR(20)	not null	部门名称，普通索引
dphone	CHAR(10)		部门电话

在编译窗口录入并运行以下代码，即可创建针对部门编号的主键和针对部门名称的普通索引。当企业财务人员通过部门编号查询数据（类似 SELECT * FROM departments_copy WHERE dnum='1'）时，由于部门编号列建立了索引，数据库的查询速度会加快。同样，通过部门名称查询数据（类似 SELECT * FROM departments_copy WHERE dname='财务部'）时，由于对部门名称列建立了索引，数据库的查询速度也会加快。

```
CREATE TABLE departments_copy (
  dnum  CHAR(3) NOT NULL,
  dname  CHAR(20) NOT NULL,
  dphone  CHAR(10),
  PRIMARY KEY(dnum),
  INDEX index_depcopy_dnum(dnum));
```

三、删除索引

1. 使用 DROP INDEX 语句删除索引

使用 DROP INDEX 语句删除索引，其语法格式为：

```
DROP INDEX 索引名 ON 表名;
```

【任务 3.6.4】使用 DROP INDEX 语句删除 xzgl 数据库中 departments_copy 表的 index_depcopy_dnum 索引。

在编译窗口录入并运行以下代码，即可删除 index_depcopy_dnum 索引。

```
DROP INDEX index_depcopy_dnum
ON departments_copy;
```

2. 使用 ALTER TABLE 语句删除索引

使用 ALTER TABLE 语句删除索引，其语法格式为：

```
ALTER [IGNORE] TABLE 表名
   | DROP PRIMARY KEY              /*删除主键*/
   | DROP INDEX 索引名；           /*删除索引*/
```

【任务 3.6.5】使用 ALTER TABLE 语句删除 xzgl 数据库中 departments_copy 表的主键。

在编译窗口录入并运行以下代码，即可删除主键。

```
ALTER TABLE departments_copy
DROP PRIMARY KEY;
```

如果从表中删除了列，则索引可能会受到影响。如果删除的列为索引的组成部分，则该列也会从索引中删除。如果组成索引的所有列都被删除，则整个索引都将被删除。

练知识技能

【任务 3.6.6】财务人员经常需要通过企业代码、报表日期查询上市企业财报中的盈利能力数据。在 lhtz 数据库中为 profit_steel_5 表的企业代码 code 列、报表日期 statDate 列创建 index_pro_code_date 复合索引，以加快查询速度。

在编译窗口录入并运行以下代码，即可创建针对企业代码、报表日期的复合索引。当投资者通过企业代码、报表日期查询数据（类似 SELECT * FROM profit_steel_5 WHERE code='sh.600117' AND statDate='2020-12-31'）时，由于 code 列和 statDate 列建立了复合索引，数据库的查询速度会加快。

```
CREATE INDEX index_pro_code_date
ON profit_steel_5(code,statDate);
```

【任务 3.6.7】使用 DROP INDEX 语句删除 lhtz 数据库中 profit_steel_5 表的 index_pro_code_date 复合索引。

在编译窗口录入并运行以下代码，即可删除针对企业代码、报表日期的复合索引。

```
DROP INDEX index_pro_code_date
ON profit_steel_5;
```

固知识技能

一、填空题

1. 在关系数据库中，_____是一种对数据表中一列或多列的值进行排序的存储结构，是一种提高_____的机制。

2. 创建_____的关键字是 INDEX，它是最基本的索引类型。还有一种索引和普通索引基本相同，但是索引列的所有值都只能出现一次，即必须是唯一的，这种索引的名字叫作_____。创建这种索引的关键字是 UNIQUE。

二、单选题

1. 用户还可以在多个列上建立索引，这种索引叫（   ）。

    A. 普通索引   B. 唯一性索引   C. 全文索引   D. 复合索引

2. 以下关于主键的说法错误的是（　　　）。

    A. 主键，即主关键字，是被挑选出来作为行的唯一标识的候选关键字

    B. 一个表只有一个主关键字，主关键字又可以称为主键

    C. 主键可以由一个字段组成（即单字段主键），也可以由多个字段组成（即多字段主键）

    D. 主键的值用于唯一地标识表中的某一条记录，并且主关键字的列可以包含空值

三、编程题

财务人员经常需要对 gdzc 数据库中 fixed_assets_depreciation 表的 assets_name 列进行查询。请针对该列创建唯一性索引 view_fixed_name 来加快查询速度。

任务七　数据库编程和管理

动画 3.7

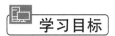 学习目标

【知识目标】掌握系统变量的查询、用户变量的定义和查询、使用流程控制语句、存储过程相关操作及用户管理相关操作的方法。

【技能目标】能在适当的业务场景中使用 SQL 语言完成数据库编程和管理。

【素质目标】建立辩证思维，拥有全局观，能够透过现象看本质，学会排除干扰，坚定正确的目标和方向。

德技兼修

小强：学长，数据库的知识是不是学习完了？

大富学长：数据库是大数据时代所有数据的存储基础，它涉及的知识博大精深，我们在课本中学习的是最基础的内容。大数据应用程序开发包括两方面，即后台数据库编程和前端界面开发。我们在项目二和项目三中学习的是数据库后台编程知识，前端界面开发部分也会涉及数据库编程，主要在项目三和项目四中学习。项目三会介绍 Python 语言将数据放入数据库的 SQL编程，项目四会介绍 Python 语言将数据从数据库中读取出来的 SQL 编程。

小强：屈原在《楚辞·离骚》中说："路漫漫其修远兮，吾将上下而求索。"现在我感觉，大数据技术学习的道路很长，我会坚持不懈认真去探索的。

来自企业的技能任务

序号	岗位技能要求	对应企业任务
1	查询系统变量	【任务 3.7.1】查询服务器中名为 admin_port 的系统变量的值 【任务 3.7.2】获得现在使用的 MySQL 版本 【任务 3.7.3】获得系统当前时间

续表

序号	岗位技能要求	对应企业任务
2	定义、查询用户变量	【任务 3.7.4】创建用户变量 name 并赋值为"唐卓康尔" 【任务 3.7.5】创建用户变量 user1、user2、user3，并分别赋值为 1、2、3 【任务 3.7.6】创建用户变量 user4，它的值为 user3 的值加 1 【任务 3.7.7】创建并查询用户变量 name 的值
3	流程控制语句	【任务 3.7.8】创建存储过程，判断两个输入参数中哪一个较大 【任务 3.7.9】创建存储过程，当给定参数为 u 时返回"繁荣"，给定参数为 d 时返回"富强"，给定其他参数时返回"祝福祖国" 【任务 3.7.10】创建带 WHILE 循环语句的存储过程，输出"为中华民族伟大复兴而读书"6 遍
4	声明和赋值存储过程中的局部变量	【任务 3.7.11】声明一个整型局部变量 num 和两个字符串型局部变量 str1、str2 【任务 3.7.12】在存储过程中给局部变量 num 和 str1 赋值
5	创建、调用、删除存储过程	【任务 3.7.13】编写名为 del_salary 的存储过程，实现的功能是删除指定员工编号的薪资信息 【任务 3.7.14】调用 del_salary 存储过程，删除员工编号为"5001"的薪资信息 【任务 3.7.15】删除 del_salary 存储过程
6	添加用户	【任务 3.7.16】添加 3 个新的用户，其中，Joe 的密码为"we"，li 的密码为"miss"，he 的密码为"forever"
7	删除用户	【任务 3.7.17】删除用户 li
8	重命名用户	【任务 3.7.18】将用户 he 重命名为"hee"
9	授予表权限、列权限、数据库权限	【任务 3.7.19】授予用户 hee 在 xzgl 数据库中 employees 表上的 SELECT 权限 【任务 3.7.20】授予 hee 在 employees 表中 enum 列和 ename 列上的 UPDATE 权限 【任务 3.7.21】授予 hee 在 lhtz 数据库中所有表上的 SELECT 权限 【任务 3.7.22】授予 Joe 在 lhtz 数据库中拥有所有的数据库权限
10	授予用户权限	【任务 3.7.23】授予 Joe 对所有数据库中所有表的 CREATE、ALTER 和 DROP 权限 【任务 3.7.24】授予 Joe 创建新用户的权限
11	回收用户权限	【任务 3.7.25】回收用户 hee 在 employees 表上的 SELECT 权限

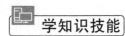 学知识技能

一、数据库编程

MySQL 除了具备增、删、改、查功能外，还提供了变量、函数、流程控制、存储过程、触发器等，能灵活地满足用户对数据库的需求，提高用户对数据库的操作和管理效率。

（一）变量

变量用于临时存放数据。变量有变量名及数据类型两个属性：变量名用于标识该变量，变量的数据类型用于确定该变量存放的数值的格式及允许的运算。根据变量的定义方式，MySQL 中的变量可分为系统变量和用户变量两种。

1. 系统变量

MySQL 有一些特定的设置，当 MySQL 数据库服务器启动的时候，这些设置用于决定下一步操作。例如，有些设置定义数据如何被存储，有些设置会影响数据处理速度，有些设置则与日期有关，这些设置都是系统变量。和接下来要讲的用户变量相似，系统变量也是一个

值和一个数据类型，但不同的是，系统变量在 MySQL 服务器启动时就被引入并初始化为默认值。在编译窗口录入并运行如下代码，即可查看整个 MySQL 数据库服务器中的系统变量，查询结果如图 3.7.1 所示。

```
SHOW VARIABLES;
```

Variable_name	Value
activate_all_roles_on_login	OFF
admin_address	
admin_port	33062
admin_ssl_ca	
admin_ssl_capath	
admin_ssl_cert	

图 3.7.1 系统变量查询结果（部分）

如果只查看指定名称的系统变量的值，其语法格式为：

```
SELECT @@系统变量名;
```

【任务 3.7.1】查询服务器中名为 admin_port 的系统变量的值。

在编译窗口录入并运行以下代码，即可实现本任务的要求。

```
SELECT @@admin_port;
```

【任务 3.7.2】获得现在使用的 MySQL 版本。

在编译窗口录入并运行以下代码，即可实现本任务的要求。

```
SELECT @@VERSION;
```

大多数系统变量应用于其他 SQL 语句时，必须在名称前加两个 "@" 符号。而为了与其他 SQL 产品保持一致，使用某些特定的系统变量时要省略两个 "@" 符号，如 CURRENT_DATE（系统当前日期）。

【任务 3.7.3】获得系统当前时间。

在编译窗口录入并运行以下代码，即可实现本任务的要求。

```
SELECT CURRENT_TIME;
```

2. 用户变量

用户可以在表达式中使用自己定义的变量，这样的变量叫作用户变量。在使用用户变量前必须对其进行定义和初始化。如果使用没有初始化的变量，它的值为 NULL。要定义和初始化用户变量，可以使用 SET 语句，其语法格式为：

```
SET @user_variable1 = expression1,
    [user_variable2 = expression2, …];
```

其中，user_variable1、user_variable2 为用户变量名，变量名可以由当前字符集中的文字、数字及 "." "_" 和 "$" 组成。

【任务 3.7.4】创建用户变量 name 并赋值为 "唐卓康尔"。

在编译窗口录入并运行以下代码，即可实现本任务的要求。

```
SET @name='唐卓康尔';
```

还可以同时定义多个用户变量，变量之间用 "," 隔开。

【任务 3.7.5】创建用户变量 user1、user2、user3，并分别赋值为 1、2、3。

在编译窗口录入并运行以下代码，即可实现本任务的要求。

```
SET @user1=1, @user2=2, @user3=3;
```

定义用户变量时，变量值可以是一个表达式。

【任务 3.7.6】创建用户变量 user4，它的值为 user3 的值加 1。

在编译窗口录入并运行以下代码，即可实现本任务的要求。

```
SET @user4=@user3+1;
```

在用户变量被创建后，它可以一种特殊的表达式形式用于其他 SQL 语句中。这时，用户变量前面必须加上 "@"。

【任务 3.7.7】创建并查询用户变量 name 的值。

在编译窗口录入并运行以下代码，即可实现本任务的要求。

```
SET @name='唐卓康尔';        /*创建用户变量 name*/
SELECT @name;               /*查询用户变量 name*/
```

（二）运算符

1. 算术运算符

算术运算符用于对两个表达式进行数学运算，这两个表达式可以是任何数值。算术运算符有+（加）、-（减）、*（乘）、/（除）和%（求模）5 种。

2. 比较运算符

比较运算符（又称关系运算符），用于比较两个表达式的值，其运算结果为逻辑值，如以下 3 种之一：1（真）、0（假）及 NULL（不能确定）。

3. 逻辑运算符

逻辑运算符用于对某个条件进行测试，运算结果为 TRUE（1）或 FALSE（0）。

当一个复杂的表达式中有多个运算符时，运算符优先级决定执行运算的先后顺序。运算执行的顺序会影响所得到的运算结果。运算符的优先级如表 3.7.1 所示。

表 3.7.1　　　　　　　　　　运算符优先级

运算符	优先级	运算符	优先级
+（正）、-（负）	1	NOT	5
*（乘）、/（除）、%（求模）	2	AND	6
+（加）、-（减）	3	OR	7
=、>、<、>=、<=、<>、!=、!>、!<	4	=（赋值）	8

（三）流程控制语句

在 MySQL 中，常见的过程式 SQL 语句可以用在一个存储过程中，如 IF 语句、CASE 语句、WHILE 语句等。其对应的语法格式如表 3.7.2 所示。

表 3.7.2　　　　　　　　　　部分流程控制语句的语法格式

语句	语法格式
IF 语句	IF 条件表达式 THEN 语句列表 [ELSEIF 条件表达式 THEN 语句列表] … [ELSE 语句表达式] END IF;
CASE 语句	CASE 条件表达式 WHEN 表达式 THEN 结果 [WHEN 表达式 THEN 结果] … [ELSE 结果] END CASE;

WHILE 循环语句	WHILE 条件表达式 DO
	语句列表
	END WHILE;

【任务 3.7.8】创建存储过程，判断两个输入参数中哪一个更大。

在编译窗口录入并运行以下代码，即可实现本任务要求。

```
DELIMITER $$
CREATE PROCEDURE COMPAR
(IN k1 INTEGER, IN k2 INTEGER, OUT k3 CHAR(6) )
BEGIN
    IF k1>k2 THEN
        SET k3= '大于';
    ELSEIF k1=k2 THEN
        SET k3= '等于';
    ELSE
        SET k3= '小于';
    END IF;
END$$
DELIMITER;
```

【任务 3.7.9】创建存储过程，当给定参数为 u 时返回"繁荣"，给定参数为 d 时返回"富强"，给定其他参数时返回"祝福祖国"。

在编译窗口录入并运行以下代码，即可实现本任务要求。

```
DELIMITER $$
CREATE PROCEDURE var_cp(IN str VARCHAR(1), OUT direct VARCHAR(4) )
BEGIN
    CASE str
        WHEN 'u' THEN SET direct ='繁荣';
        WHEN 'd' THEN SET direct ='富强';
    ELSE SET direct ='祝福祖国';
    END CASE;
END$$
DELIMITER;
```

【任务 3.7.10】创建带 WHILE 循环语句的存储过程，输出"为中华民族伟大复兴而读书"6 遍。

在编译窗口录入并运行以下代码，即可实现本任务要求。

```
DELIMITER $$
CREATE PROCEDURE DOWHILE()
  BEGIN
    DECLARE v1 INT DEFAULT 1;
    WHILE  v1 <7  DO
      SELECT '为中华民族伟大复兴而读书';
      SET v1 = v1+1;
  END WHILE;
END$$
DELIMITER;
```

在 MySQL 客户端，结束标记默认是分号";"。如果输入的语句较多，并且语句中间有分号，这时就需要指定一个特殊的结束标记。DELIMITER 是 MySQL 中定义结束标记的命令。DELIMITER $$表示 MySQL 用$$表示语句结束，存储过程结束后也要有 DELIMITER 语句。

二、存储过程

存储过程（Stored Procedure）是在大型数据库系统中为了完成特定功能的一组 SQL 语句。存储过程第一次编译后，若再次调用，则不需要再次编译。用户可以通过指定存储过程的名称和参数（如果该存储过程带有参数）来调用它。存储过程是数据库中的重要对象。在数据量特别庞大的情况下利用存储过程能达到提升效率的目的。

存储过程的优点如下。

（1）应用程序随着时间推移可能会不断更改，实现增、删功能的 SQL 语句会变得更复杂，存储过程为封装此类代码提供了一个替换位置。

（2）由于存储过程在创建时就在数据库服务器上进行了编译并存储在数据库中，所以运行存储过程要比运行单个 SQL 语句块更快。

（3）由于在调用存储过程时只需提供存储过程的名称和必要的参数信息，所以在一定程度上可以减少网络流量，减轻网络负担。

（4）可维护性高。更新存储过程所需的时间通常比更改、测试及重新部署程序集所需的时间短。

（5）代码精简一致。一个存储过程可以用于应用程序代码的不同位置。

（6）提高安全性。向用户授予访问存储过程的权限，不仅可以访问其中的特定数据，还能提高代码的安全性，在一定程度上防止 SQL 注入攻击。

存储过程的缺点如下。

（1）如果更改范围大到需要对输入存储过程的参数进行更改，或者要更改由其返回的数据，则需要更新程序集中的代码以添加参数。

（2）可移植性差。由于存储过程将应用程序绑定到服务器上，因此使用存储过程封装业务逻辑将限制应用程序的可移植性。如果应用程序的可移植性非常重要，那么将业务逻辑封装在不特定于 RDBMS 的中间层可能是一个更好的选择。

在存储过程中可以声明局部变量，用来存储临时结果。要声明局部变量，必须使用 DECLARE 语句。在声明局部变量的同时，可以对其赋初始值。其语法格式如下：

```
DECLARE var_name[,…] type [DEFAULT value];
```

> ⏰ 说明
> var_name 为局部变量名；type 为局部变量的数据类型；DEFAULT 子句给局部变量指定一个默认值，如果不指定，则默认为 NULL。

【任务 3.7.11】声明一个整型局部变量 num 和两个字符串型局部变量 str1、str2。

在编译窗口录入并运行以下代码，即可实现本任务的要求。

```
DECLARE num INT(4);
DECLARE str1, str2 VARCHAR(6);
```

局部变量只能在 BEGIN…END 语句块中声明，且必须在存储过程的开头就声明。声明完后，可以在声明它的 BEGIN…END 语句块中使用该变量，在其他语句块中不可以使用。

可以使用 SET 语句给局部变量赋值，其语法格式为：

```
SET var_name = expr;
```

【任务 3.7.12】在存储过程中给局部变量 num 和 str1 赋值。

在编译窗口录入并运行以下代码，即可实现本任务的要求。

```
SET num=1, str1= 'hello';
```

创建、调用和删除存储过程的语句及其语法格式如表 3.7.3 所示。

表 3.7.3　　　　　　　　　　　创建、调用和删除存储过程

语句	语法格式
创建存储过程	CREATE PROCEDURE 存储过程名（存储过程参数） 存储过程体； 注意：参数可以有，也可以没有
调用存储过程	CALL 存储过程名(存储过程参数)；
删除存储过程	DROP PROCEDURE　[IF EXISTS]存储过程名； 注意：IF EXISTS 子句是 MySQL 的扩展，如果程序或函数不存在，它可以防止发生错误

【任务 3.7.13】编写名为 del_salary 的存储过程，实现的功能是删除指定员工编号的薪资信息。

在编译窗口录入并运行以下代码，即可实现本任务的要求。

```
DELIMITER $$
CREATE PROCEDURE  del_salary(IN enm  CHAR(6))
BEGIN
  DELETE FROM salary WHERE enum=enm;
END $$
DELIMITER;
```

【任务 3.7.14】调用 del_salary 存储过程，删除员工编号为"5001"的薪资信息。

在编译窗口录入并运行以下代码，即可实现本任务的要求。

```
CALL del_salary ('5001');
```

【任务 3.7.15】删除 del_salary 存储过程。

在编译窗口录入并运行以下代码，即可实现本任务的要求。

```
DROP PROCEDURE IF EXISTS del_salary;
```

三、数据库管理

用户要管理 MySQL 数据库，首先必须拥有可登录 MySQL 服务器的用户名和密码。登录服务器后，MySQL 允许用户在其权限内使用数据库资源。MySQL 的安全系统很灵活，它允许以多种不同的方式创建用户和设置用户权限。

（一）数据库用户

1. 添加用户

可以使用 CREATE USER 语句添加一个或多个用户，并设置相应的密码，其语法格式为：

```
CREATE USER 用户名 [IDENTIFIED BY [PASSWORD] '密码']
```

其中，用户名的格式为"用户名称@主机名"。CREATE USER 会在系统本身的 MySQL 数据库的 user 表中添加一条新记录。要使用 CREATE USER，必须要拥有 MySQL 数据库的全局 CREATE USER 权限或 INSERT 权限。如果账户已经存在，则会出现错误。

【任务 3.7.16】添加 3 个新的用户，其中，Joe 的密码为"we"，li 的密码为"miss"，he 的密码为"forever"。

在编译窗口录入并运行以下代码，即可按照要求添加用户。

```
CREATE USER  'Joe'@'localhost'IDENTIFIED BY 'we',
        'li'@'localhost'IDENTIFIED BY 'miss',
        'he'@'localhost'IDENTIFIED BY 'forever';
```

在用户名的后面声明了关键字 localhost，表示 MySQL 连接的主机为本地主机。如果两个用户具有相同的用户名，但主机不同，MySQL 会将其视为不同的用户。新添加的用户拥有的权限很少，虽然可以登录 MySQL，但是不能使用 USE 语句来指定已经创建的任何数据库成为当前数据库，因此也无法访问那些数据库中的表，只允许进行不需要权限的操作，例如，用 SHOW 语句查询所有存储引擎和字符集。

2. 删除用户

可以使用 DROP USER 语句删除一个或多个用户，其语法格式为：

```
DROP USER 用户名;
```

DROP USER 语句用于删除一个或多个 MySQL 账户，并取消其权限。要使用 DROP USER 语句，必须拥有 MySQL 数据库的全局 CREATE USER 权限或 DELETE 权限。

【任务 3.7.17】删除用户 li。

在编译窗口录入并运行以下代码，即可按照要求删除用户。

```
DROP USER 'li'@'localhost';
```

如果删除的用户已经创建了表、索引或其他数据库对象，它们将继续保留，因为 MySQL 并没有记录是谁创建了这些对象。

3. 重命名用户

可以使用 RENAME USER 语句来修改 MySQL 用户的名称，其语法格式为：

```
RENAME USER old_user TO new_user;
```

【任务 3.7.18】将用户 he 重命名为"hee"。

在编译窗口录入并运行以下代码，即可按照要求重命名用户。

```
RENAME USER 'he'@'localhost' TO 'hee'@'localhost';
```

（二）数据库用户权限

1. 授予表权限、列权限、数据库权限

新创建的 MySQL 用户不允许访问属于其他 MySQL 用户的表，也不能立即创建属于自己的表，它必须被授权。可以授予的权限有以下几种。

（1）列权限：和表中的一个具体列相关。

（2）表权限：和一个具体表中的所有数据相关。

（3）数据库权限：和一个具体数据库中的所有表相关。

（4）用户权限：和 MySQL 中所有的数据库相关。

给某用户授予权限可以使用 GRANT 语句。使用 SHOW GRANTS 语句可以查看当前账户拥有的权限。GRANT 语句的语法格式为：

```
GRANT  权限1[(列名列表1)]  [,权限2 [(列名列表2)]] …
    ON [目标] {表名 | * | *.* | 库名.*}
    TO 用户1 [IDENTIFIED BY [PASSWORD] '密码1']
    [,用户2 [IDENTIFIED BY [PASSWORD] '密码2']] …
     [WITH 权限限制1 [权限限制2] …];
```

【任务 3.7.19】授予用户 hee 在 xzgl 数据库中 employees 表上的 SELECT 权限。

在编译窗口录入并运行以下代码，即可实现本任务的要求。

```
USE xzgl;
GRANT SELECT
```

```
   ON employees
   TO 'hee'@'localhost';
```

【任务 3.7.20】授予 hee 在 employees 表中 enum 列和 ename 列上的 UPDATE 权限。

在编译窗口录入并运行以下代码，即可实现本任务的要求。

```
GRANT UPDATE(enum,ename)
   ON employees
   TO 'hee'@'localhost';
```

在 GRANT 语句的语法格式中，授予数据库权限时 ON 关键字后面可以加上"*"或"库名.*"。"*"表示当前数据库中的所有表；"库名.*"表示某个数据库中的所有表。

【任务 3.7.21】授予 hee 在 lhtz 数据库中所有表上的 SELECT 权限。

在编译窗口录入并运行以下代码，即可实现本任务的要求。

```
GRANT SELECT
   ON lhtz.*
   TO 'hee'@'localhost';
```

这个权限适用于 lhtz 数据库中全部已有的表，以及此后添加到 lhtz 数据库中的任何表。

【任务 3.7.22】授予 Joe 在 lhtz 数据库中拥有所有的数据库权限。

在编译窗口录入并运行以下代码，即可实现本任务的要求。

```
USE lhtz;
GRANT  ALL
   ON *
   TO 'Joe'@'localhost';
```

2. 授予用户权限

最有效率的权限就是用户权限，对于需要授予数据库权限的所有语句，也可以定义在用户权限上。例如，在用户级别上授予某人 CREATE 权限，这个用户可以创建一个新的数据库，也可以在所有的数据库（而不是特定的数据库）中创建新表。

MySQL 授予用户权限时，priv_type 还可以是以下值。

（1）CREATE USER：授予用户创建和删除新用户的权限。

（2）SHOW DATABASES：授予用户使用 SHOW DATABASES 语句查看全部已有数据库定义的权限。

在 GRANT 语句的语法格式中，授予用户权限时，ON 子句中可使用"*.*"表示所有数据库中的所有表。

【任务 3.7.23】授予 Joe 对所有数据库中所有表的 CREATE、ALTER 和 DROP 权限。

在编译窗口录入并运行以下代码，即可实现本任务的要求。

```
GRANT  CREATE,ALTER,DROP
   ON *.*
   TO 'Joe'@'localhost';
```

【任务 3.7.24】授予 Joe 创建新用户的权限。

在编译窗口录入并运行以下代码，即可实现本任务的要求。

```
GRANT  CREATE  USER
   ON *.*
   TO 'Joe'@'localhost';
```

3. 回收用户权限

要回收用户的权限，可以直接从 USER 表中删除该用户，也可以使用 REVOKE 语句。REVOKE 语句的语法格式和 GRANT 语句的语法格式相似，但具有相反的效果。要使用

REVOKE，用户必须拥有 MySQL 数据库的全局 CREATE USER 权限或 UPDATE 权限。用来回收用户某些特定权限的语法格式为：

```
REVOKE  权限1[(列名列表1)] [,权限2 [(列名列表2)], …]
      ON {表名 | * | *.* | 库名.*}
         FROM 用户1 [,用户2,…];
```

回收该用户所有权限的语法格式为：

```
REVOKE ALL PRIVILEGES, GRANT OPTION FROM 用户名;
```

【任务 3.7.25】回收用户 hee 在 employees 表上的 SELECT 权限。

在编译窗口录入并运行以下代码，即可实现本任务的要求。

```
REVOKE  SELECT
  ON employees
    FROM 'hee'@'localhost';
```

 固知识技能

填空题

1. 变量用于临时存放数据。变量有变量名及数据类型两个属性，变量名用于标识该变量，变量的数据类型用于确定该变量存放的数值的格式及允许的运算。根据变量的定义方式，MySQL 中的变量可分为＿＿＿＿＿＿＿＿和＿＿＿＿＿＿＿＿。

2. 创建用户变量 user 并赋值为"Kan"，然后查询该变量，需要在编译窗口录入并运行以下代码：

```
＿＿＿＿＿＿＿＿ name='Kan';
＿＿＿＿＿＿＿＿ name;
```

3. 在 MySQL 客户端，结束标记默认是分号";"。如果输入的语句较多，并且语句中间有分号，这时就需要指定一个特殊的结束标记。＿＿＿＿＿＿＿＿是 MySQL 中定义结束标记的命令。＿＿＿＿＿＿＿＿$$表示 MySQL 用$$表示语句结束，存储过程结束后也要有该语句。

4. ＿＿＿＿＿＿＿＿是在大型数据库系统中为了完成特定功能的一组 SQL 语句。存储过程第一次编译后，若再次调用，则不需要再次编译。

5. 要添加两个新的用户，其中，king 的密码为"queen"，Ken 的密码为"123456"，需要在编译窗口录入并运行以下代码：

```
CREATE＿＿＿＿＿＿＿＿
    '＿＿＿＿＿＿'@'localhost' IDENTIFIED BY 'queen',
    'Ken'@'localhost' IDENTIFIED BY '＿＿＿＿＿＿＿';
```

6. 授予 Ken 在 gdzc 数据库中拥有所有的数据库权限，需要在编译窗口录入并运行以下代码：

```
USE＿＿＿＿＿＿＿＿＿＿＿＿;
GRANT  ALL
  ON  *
    TO ＿＿＿＿＿＿＿＿＿＿@localhost;
```

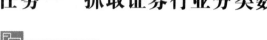

项目四

财务大数据采集

数据采集是大数据产业的基石。在大数据时代，从大数据中采集出有用的信息是大数据发展的关键因素之一。本项目主要介绍网络数据采集中的 API 法和网络爬虫法。

任务一　抓取证券行业分类数据

动画 4.1

学习目标

【知识目标】掌握行业分类 query_stock_industry()函数接口的用法。

【技能目标】能在不同业务场景中使用行业分类 query_stock_industry()函数接口完成证券行业中所有分类数据和特定分类数据的抓取操作。

【素质目标】爱岗敬业，工作中一丝不苟、尽职尽责、全身心投入。

德技兼修

小强：今天要学习证券行业中分类数据的抓取技术，我特别想知道现在我们国家科技电子行业的上市公司有哪些，了解它们的发展情况。

大富学长：当前，全球科技创新进入空前密集的活跃期。在新一轮科技革命和产业变革重构全球创新版图、全球经济结构的背景下，关键核心技术的攻关、突破与创新比以往任何时候都更为重要、更为迫切。只有把关键核心技术掌握在自己手中，才能从根本上保障国家经济安全、国防安全和其他安全。我们财经类专业的学生可以通过抓取这些行业的财务数据，分析这些行业的发展情况，了解国家关键核心技术的发展。

来自企业的技能任务

序号	岗位技能要求	对应企业任务
1	使用 query_stock_industry()函数接口完成证券行业中所有分类数据的抓取；使用 to_csv()函数接口存储数据	【任务 4.1.1】使用 baostock 库的行业分类 query_stock_industry()函数接口抓取当前 A 股市场中所有上市企业的行业分类数据
2	使用 query_stock_industry()函数接口完成证券行业特定分类数据的抓取	【任务 4.1.2】使用 baostock 库的行业分类 query_stock_industry()函数接口抓取当前 A 股市场中电子行业的分类数据

抓取证券行业分类
数据

学知识技能

  Python的第三方库中用于快速抓取沪深两市证券交易信息的有baostock、Tushare、AKShare等，我们只要掌握其中一个第三方库的编程方法，其他库的编程方法都与之类似。这里我们选择 baostock 库（证券宝平台），它是一个免费、开源的证券数据平台，无须注册，通过 Python API 即可获取证券数据信息，满足用户的数据抓取需求。

  在使用 Python 的第三方库进行编程时，需要引入第三方库，并为其设定一个别名。参考代码如下：

```
import baostock as bs    # 引入 baostock 第三方库，为其设定别名 "bs"
import pandas as pd      # 引入 pandas 第三方库，为其设定别名 "pd"
```

  如果不设定别名，后续调用这些库时需要一直使用它们的全称，非常容易出错。baostock第三方库包含许多函数接口，其中的行业分类 query_stock_industry()函数接口用于获取当前 A股市场中所有上市企业的行业分类数据，其输入参数、输出参数分别如表 4.1.1、表 4.1.2 所示。

表 4.1.1   query_stock_industry()函数接口的输入参数

参数名称	参数描述
code	代表 A 股市场证券代码，用 "sh." 或 "sz." 加上 6 位数字表示，其中，sh 代表上海，sz 代表深圳。例如，sh.601398 表示在上海证券交易所上市，且证券代码为 "601398"。该参数可以为空
date	代表查询日期，格式为 yyyy-mm-dd。该参数为空时，默认为最新日期

表 4.1.2   query_stock_industry()函数接口的输出参数

参数名称	参数描述
updateDate	更新日期
code	证券代码
code_name	证券名称
industry	所属行业
industryClassification	所属行业类别

  行业分类 query_stock_industry()函数接口抓取到的数据，通过特定代码转换成 DataFrame格式数据后，可以导出到 Excel 文件或者 CSV（Comma-Separated Values，逗号分隔值）文件中，相关的函数接口如表 4.1.3 所示。

表 4.1.3   将 DataFrame 格式数据导出到文件的函数接口

函数名称	描述
to_csv()	使用 to_csv()将 DataFrame 格式数据导出到 CSV 文件中，放在特定的路径下。注意： `result.to_csv('D:/all_stock_industry.csv', encoding='gbk', index=False)`与 `result.to_csv(r'D:\all_stock_industry.csv', encoding='gbk', index=False)` 实现的函数功能相同
to_Excel()	使用 to_Excel()函数将 DataFrame 格式数据导出到 Excel 文件中，放在特定的路径下

  【任务 4.1.1】 使用 baostock 库的行业分类 query_stock_industry()函数接口抓取当前 A 股市场中所有上市企业的行业分类数据。

（1）将本任务用到的两个第三方库通过 import baostock as bs、import pandas as pd 语句引入，并为它们设定别名。

```
rs = bs.query_stock_industry()          # 获取 A 股市场全部行业分类数据
industry_list = []                      # 定义列表来存储数据
while (rs.error_code == '0') & rs.next(): # 逐行读取函数接口返回的数据
    print(rs.get_row_data())            # 将读取到的数据输出得更加清晰
  industry_list.append(rs.get_row_data()) # 将读取到的数据逐条存放到定义的列表中
```

（2）使用代码 lg = bs.login() 登录 baostock 库，并输出登录的相关信息。通过 rs = bs.query_stock_industry() 获取 A 股市场全部行业分类数据，并将其放在 rs 中。

需要注意的是，本任务中我们没有在 query_stock_industry() 函数接口设置输入参数，所以获取了 A 股市场全部行业中所有的分类数据，如果想获得特定的信息，可以设置参数实现。

（3）通过代码 result = pd.DataFrame(industry_list, columns=rs.fields) 将 industry_list 列表的数据全部转换成 DataFrame 格式数据。DataFrame 格式数据的列名用 rs.fields 赋值。

（4）通过代码 result.to_csv('D:/all_stock_industry.csv', encoding='gbk', index=False) 将数据结果存放到 "D:/all_stock_industry.csv" 文件中并输出。encoding 一定要设置，否则输出结果会显示乱码。

在 Python 编译环境录入并运行如下代码：

```
import baostock as bs           # 引入 baostock 第三方库，并起别名 bs
import pandas as pd             # 引入 pandas 第三方库，并起别名 pd
lg = bs.login()                 # 登录系统
rs = bs.query_stock_industry()  # 获取全部行业分类数据
# 显示与 query_stock_industry() 连接的情况
industry_list = []
while (rs.error_code == '0') & rs.next(): # 逐行读取函数接口返回的数据
    industry_list.append(rs.get_row_data()) # 将读取到的数据不断存放到 industry_list 中
result = pd.DataFrame(industry_list, columns=rs.fields)
# 将 industry_list 的数据转换成 DataFrame 格式，DataFrame 格式数据的列名用 rs.fields 赋值
# 将结果输出到 CSV 文件中
result.to_csv('D:/all_stock_industry.csv ', encoding='gbk', index=False)
print(result)                   # 输出结果
bs.logout()                     # 退出系统
```

程序运行结果如下所示。需要注意的是，我国上市公司不断增加，不同时期抓取的数据有所不同，这里只是提供抓取的思路。

```
login success!
     updateDate  code        code_name   industry   industryClassification
0    2022-03-21  sh.600000   浦发银行       银行         申万一级行业
1    2022-03-21  sh.600001   邯郸钢铁                  申万一级行业
2    2022-03-21  sh.600002   齐鲁石化                  申万一级行业
3    2022-03-21  sh.600003   ST 东北高              申万一级行业
4    2022-03-21  sh.600004   白云机场     交通运输     申万一级行业
......
4807 2022-03-21  sz.301222   浙江恒威                  申万一级行业
```

4808	2022-03-21	sz.301228	实朴检测	申万一级行业
4809	2022-03-21	sz.301229	纽泰格	申万一级行业
4810	2022-03-21	sz.301235	华康医疗	申万一级行业
4811	2022-03-21	sz.301236	软通动力	申万一级行业

```
[4812 rows x 5 columns]
logout success!
```

【任务 4.1.2】使用 baostock 库的行业分类 query_stock_industry()函数接口抓取当前 A 股市场中电子行业的分类数据。

知道函数接口输出的参数名称，就可以在任务 4.1.1 代码的基础上，增加"result=result [result['industry']=='电子']"代码对 industry 列的数据进行筛选。

在 Python 编译环境录入并运行如下代码：

```
import baostock as bs          # 引入 baostock 第三方库，并起别名 bs
import pandas as pd            # 引入 pandas 第三方库，并起别名 pd
lg = bs.login()               # 登录系统
rs = bs.query_stock_industry() # 获取全部行业分类数据
# 显示与 query_stock_industry()连接的情况
industry_list = []
while (rs.error_code == '0') & rs.next(): # 逐行读取函数接口返回的数据
  industry_list.append(rs.get_row_data())# 将读取到的数据不断存放到 industry_list 中
result = pd.DataFrame(industry_list, columns=rs.fields)
# 将 industry_list 的数据转换为 DataFrame 格式，DataFrame 格式数据的列名用 rs.fields 赋值
result=result[result['industry']=='电子'] # 筛选电子行业的数据
# 将结果输出到 CSV 文件中
result.to_csv('D:/electronic_industry.csv', encoding='gbk', index=False)
print(result)    # 输出结果
bs.logout()      # 退出系统
```

上述代码可以对当前 A 股市场中 300 多家电子行业企业的数据进行抓取，运行结果如下所示。输出的数据列和 query_stock_indusry()函数接口的输出参数一一对应。

```
login success!
     updateDate  code       code_name  industry  industryClassification
58   2022-03-21  sh.600071  凤凰光学      电子       申万一级行业
97   2022-03-21  sh.600110  诺德股份      电子       申万一级行业
133  2022-03-21  sh.600152  维科技术      电子       申万一级行业
150  2022-03-21  sh.600171  上海贝岭      电子       申万一级行业
161  2022-03-21  sh.600183  生益科技      电子       申万一级行业
......

4681 2022-03-21  sz.301021  英诺激光      电子       申万一级行业
4700 2022-03-21  sz.301041  金百泽        电子       申万一级行业
4703 2022-03-21  sz.301045  天禄科技      电子       申万一级行业
4709 2022-03-21  sz.301051  信濠光电      电子       申万一级行业
4740 2022-03-21  sz.301086  鸿富瀚        电子       申万一级行业

[342 rows x 5 columns]
logout success!
```

固知识技能

一、填空题

1. import baostock as bs 这行代码的意思是引入一个叫_____的第三方库，为其设定别名为"_____"。

2. import pandas as pd 这行代码的意思是引入一个叫_____的第三方库，为其设定别名为"_____"。

3. query_stock_industry()函数接口用来获取证券市场_____分类数据。

4. 要筛选医药生物行业的相关信息作为输出结果，下面语句中空格处应该填写 result= result[result['industry']== '_____']。

5. 使用 baostock 库的行业分类 query_stock_industry()函数接口抓取当前我国 A 股市场中医药生物行业的分类数据，将关键代码写在横线处。

```
_____        # 引入 baostock 第三方库，并起别名 bs
_____        # 引入 pandas 第三方库，并起别名 pd
lg = bs.login()             # 登录系统
rs = _____    # 使用 query_stock_industry()函数接口获取全部行业分类数据
# 显示与 query_stock_industry()连接的情况
industry_list = []
while (rs.error_code == '0') & rs.next():   # 逐行读取函数接口返回的数据
  industry_list.append(rs.get_row_data())      # 将读取到的数据不断存放到 industry_list 中
result = pd.DataFrame(industry_list, columns=rs.fields)
# 将 industry_list 的数据保存为 DataFrame 格式，DataFrame 格式数据的列名用 rs.fields 赋值
result=result[result['industry']=='_____']  #筛选出医药生物行业的数据
# 将结果输出到 CSV 文件中
_____ ('D:/ biomedical_industry.csv', encoding='gbk', index=False)
_____ (result)      # 输出结果
bs.logout()                 # 退出系统
```

6. 使用 baostock 库的行业分类 query_stock_industry()函数接口抓取证券代码为"sz.300046"的行业分类数据，将关键代码写在横线处。

```
_____        # 引入 baostock 第三方库，并起别名 bs
_____        # 引入 pandas 第三方库，并起别名 pd
lg = bs.login()             # 登录系统
rs = _____    # 使用 query_stock_industry()函数接口获取全部行业分类数据
# 显示与 query_stock_industry()连接的情况
industry_list = []
while (rs.error_code == '0') & rs.next():  # 逐行读取函数接口返回的数据
  industry_list.append(rs.get_row_data())# 将读取到的数据不断存放到 industry_list 中
result = pd.DataFrame(industry_list, columns=rs.fields)
# 将 industry_list 的数据转换为 DataFrame 格式，DataFrame 格式数据的列名用 rs.fields 赋值
result=result[result['_____']==' sz.300046'] # 筛选出证券代码为"sz.300046"
的行业分类数据
# 将结果输出到 Excel 文件中
_____ ('D:/industry300046.xls', encoding='gbk', index=False)
```

```
_____ (result)    # 输出结果
bs.logout()            # 退出系统
```

二、单选题

1. 用 Python 代码抓取数据的结果如图 4.1.1 所示。使用 query_stock_industry()函数接口完成该任务时的输入参数为（　　）。

    A．rs = bs.query_stock_industry(code="sh.600000")

    B．rs = bs.query_stock_industry(code="浦发银行")

    C．rs = bs.query_stock_industry()

    D．rs = bs.query_stock_industry(date="sh.600000")

```
login success!
   updateDate      code    code_name   industry    industryClassification
0  2022-06-13  sh.600000   浦发银行      银行          申万一级行业
logout success!
```

图 4.1.1　浦发银行行业数据抓取情况

2. 通过图 4.1.1 可以知道，关于 query_stock_industry()函数接口抓取的数据说法错误的是（　　）。

    A．code 列存储的数据为"sh.600000"

    B．code_name 列存储的数据为"浦发银行"

    C．industry 列存储的数据为"银行"

    D．industryClassification 列存储的数据为"银行"

任务二　抓取企业季频盈利能力数据

动画 4.2

学习目标

【知识目标】掌握季频盈利能力 query_profit_data()函数接口的用法。

【技能目标】能在不同业务场景中使用 query_profit_data()函数接口完成特定上市企业季频盈利能力数据的抓取和特定上市企业多年季频盈利能力数据的抓取。

【素质目标】培养对每件产品、每道工序都能凝神聚力、精益求精、追求极致的职业品质，提升自主创新能力。

德技兼修

小强： 在任务一中抓取了电子行业分类数据以后，我想抓取证券代码为"sz.300102"的上市企业的盈利能力数据。学长可以教我方法吗？

大富学长： 你还挺有钻研精神啊！当前，以数字经济等为代表的新经济成为我国经济发展重要的增长引擎。新一代信息技术集成创新，对人才的素质结构、能力结构、技能结构提出全新要求。专业升级和数字化改造势在必行，具有里程碑意义。我们财经类专业学生学好大数据技术确实刻不容缓。

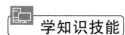

来自企业的技能任务

序号	岗位技能要求	对应企业任务
1	使用 query_profit_data() 函数接口完成特定上市企业季频盈利能力数据的抓取	【任务 4.2.1】使用 baostock 库的季频盈利能力 query_profit_data() 函数接口抓取证券代码为"sz.300102"的企业 2021 年第 4 季度的季频盈利能力数据
2	使用 query_profit_data() 函数接口完成特定上市企业多年季频盈利能力数据的抓取，并使用 to_sql() 函数接口将抓取到的数据存入数据库中	【任务 4.2.2】使用 baostock 库的季频盈利能力 query_profit_data() 函数接口抓取证券代码为"sz.300102"的企业 2017—2021 年第 4 季度的季频盈利能力数据，并将其存放到 CSV 文件中，同时存放到 lhtz 数据库的 profit 表中

学知识技能

抓取企业季频盈利
能力数据

第三方库 baostock 的 query_profit_data() 函数接口专门用来抓取上市企业的季频盈利能力数据。用户可以通过对该函数接口的输入参数进行设置，来抓取对应证券代码、年份、季度的企业盈利能力数据。query_profit_data() 函数接口能提供 2007 年至今的数据，它的输入参数、输出参数如表 4.2.1、表 4.2.2 所示。

表 4.2.1　　　　　　　　query_profit_data() 函数接口的输入参数

参数名称	参数描述
code	证券代码。该参数可以为空
year	统计年份。该参数为空时，默认为当前年份
quarter	统计季度。该参数为空时，默认为当前季度。该参数不为空时，只有 4 个取值：1、2、3、4

表 4.2.2　　　　　　　　query_profit_data() 函数接口的输出参数

参数名称	参数描述	算法说明
code	证券代码	
pubDate	公司发布财报的日期	
statDate	财报统计季度的最后一天，如 2023-03-31、2023-06-30	
roeAvg	净资产收益率（平均值）	净资产收益率（平均值）=归属母公司股东净利润/[(期初归属母公司股东的权益+期末归属母公司股东的权益)/2]
npMargin	销售净利率	销售净利率=净利润/营业收入
gpMargin	销售毛利率	销售毛利率=毛利/营业收入=(营业收入-营业成本)/营业收入
netProfit	净利润	
epsTTM	每股收益	每股收益=归属母公司股东的净利润/最新总股本
MBRevenue	主营业务收入	
totalShare	总股本	
liqaShare	流通股本	

【任务 4.2.1】使用 baostock 库的季频盈利能力 query_profit_data()函数接口抓取证券代码为"sz.300102"的企业 2021 年第 4 季度的季频盈利能力数据。

首先需要引入本任务用到的第三方库，并设定别名。通过 bs.login()登录 baostock 系统，使用 query_profit_data()函数接口抓取季频盈利能力数据。通过设置接口的输入参数 code=sz.300102、year=2021、quarter=4，抓取特定的数据。rs_profit = bs.query_profit_data(code='sz.300102', year=2021, quarter=4)语句将该函数接口抓取的数据存放在 rs_profit 中。通过 while 循环将 rs_profit 中的数据逐条存放到 profit_list 列表，再将列表数据一次性存放到 DataFrame 类型的名为 result_profit 的容器中，最后将数据存放到"D:/profit_300102.csv"文件中并输出。

在 Python 编译环境录入并运行如下代码：

```
import baostock as bs
import pandas as pd
# 登录系统
lg = bs.login()
# 显示登录返回信息
print('login respond error_code:'+lg.error_code)
print('login respond  error_msg:'+lg.error_msg)
# 查询季频盈利能力数据
profit_list = []
rs_profit = bs.query_profit_data(code='sz.300102', year=2021, quarter=4)
while (rs_profit.error_code == '0') & rs_profit.next():
    profit_list.append(rs_profit.get_row_data())
result_profit = pd.DataFrame(profit_list, columns=rs_profit.fields)
# 输出
print(result_profit)
# 将结果输出到 CSV 文件中
result_profit.to_csv('D:/profit_300102.csv', encoding='gbk', index=False)
# 退出系统
bs.logout()
```

程序运行结果如下所示。

```
login success!
login respond error_code:0
login respond  error_msg:success
        code    pubDate    statDate    roeAvg   npMargin   gpMargin  \
0  sz.300102  2022-04-27  2021-12-31  0.075682  0.098942   0.255859

        netProfit    epsTTM       MBRevenue    totalShare    liqaShare
0  185925890.330000  0.264124  1860332822.380000  707390811.00  707117961.00
logout success!
```

输出的数据列和输出参数一一对应，包括 code（证券代码），pubDate（公司发布财报的日期），statDate（财报统计季度的最后一天），roeAvg（净资产收益率（平均值）），npMargin（销售净利率），gpMargin（销售毛利率），netProfit（净利润），epsTTM（每股收益），MBRevenue（主营业务收入），totalShare（总股本），liqaShare（流通股本）。其中，npMargin 参数在计算机屏幕上输出的值为 0.098 942，表示销售净利率为 9.894 2%。

对 query_profit_data()函数接口抓取到的数据，通过特定代码转换成 DataFrame 格式，并导出到数据库中。相关的 to_sql()函数接口如表 4.2.3 所示。

表 4.2.3　　　　　　　　　　　　　　　　to_sql()函数接口

函数名称	描述
to_sql()	使用 to_sql()将 DataFrame 格式数据导出到 MySQL 数据库中 基本格式为：to_sql('表名', con='mysql+pymysql://登录用户名:登录密码@服务器名:3306/数据库名?charset=utf8', if_exists='append', index=False)

【任务 4.2.2】使用 baostock 库的季频盈利能力 query_profit_data()函数接口抓取证券代码为"sz.300102"的企业 2017—2021 年第 4 季度的季频盈利能力数据，并将其存放到 CSV 文件中，同时存放到 lhtz 数据库的 profit 表中。

当财务人员需要抓取更多年份的盈利能力数据时，可以增加一个存放年份的列表，然后对抓取的年份进行设定，在 for 循环中进行数据抓取。

抓取的数据除了可以存储在 CSV 文件中，还可以存储到数据库中，而且实务中通常也是存储在数据库中。我们可以在任务 4.2.1 代码的基础上添加并运行以下代码，完成将数据存入数据库的任务。

```
result.to_sql('profit',
con='mysql+pymysql://root:123456@localhost:3306/lhtz?charset=utf8',
if_exists='append', index=False)
```

其中，"root"指的是登录 Mysql 的账号，"123456"为该账号的密码，"localhost"表示本地服务器，"3306"为端口号，"lhtz"为存放表的数据库。

在 Python 编译环境录入并运行如下代码：

```
import baostock as bs
import pandas as pd
import pymysql
# 登录系统
lg = bs.login()
# 创建 year_list 列表，值为需要抓取数据的年份
year_list = ['2021', '2020', '2019', '2018', '2017']
# 查询季频盈利能力数据
profit_list = []
for y in year_list:
    rs_profit = bs.query_profit_data(code='sz.300102', year=y, quarter=4)
    while (rs_profit.error_code == '0') & rs_profit.next():
        profit_list.append(rs_profit.get_row_data())
result_profit = pd.DataFrame(profit_list, columns=rs_profit.fields)
# 将结果输出到 CSV 文件中
result_profit.to_csv('d:/profit_300102_4.csv', encoding='gbk', index=False)
# 将结果输出到 lhtz 数据库的 profit 表中
result_profit.to_sql('profit',
con='mysql+pymysql://root:123456@localhost:3306/lhtz?charset=utf8',
if_exists='append', index=False)
print(result_profit)
# 退出系统
bs.logout()
```

程序运行结果如下所示。

```
login success!
    code    pubDate    statDate    roeAvg    npMargin    gpMargin    \
```

```
0   sz.300102   2022-04-27   2021-12-31    0.075682     0.098942   0.255859
1   sz.300102   2021-04-26   2020-12-31   -0.099784    -0.188248   0.067163
2   sz.300102   2020-04-29   2019-12-31   -0.102070    -0.269434   0.076354
3   sz.300102   2019-04-23   2018-12-31    0.064288     0.174819   0.291726
4   sz.300102   2018-03-01   2017-12-31    0.080795     0.186289   0.369046

          netProfit       epsTTM        MBRevenue     totalShare       liqaShare
0    185925890.330000    0.264124   1860332822.380000   707390811.00   707117961.00
1   -247682074.830000   -0.348975   1304570548.950000   707515811.00   707016061.00
2   -280007241.280000   -0.395697   1039240844.400000   707515811.00   707500811.00
3    179987010.230000    0.250118   1019663541.720000   719603311.00   707500811.00
4    210560322.450000    0.293913   1130287914.020000   716403311.00   682486938.00
logout success!
```

固知识技能

一、填空题

1. 要使用 baostock 库的 query_profit_data() 函数接口抓取证券代码为 "sh.600682" 的企业 2020 年第 1 季度的季频盈利能力数据，请将下面代码的空白处填写完整。

```
rs_profit =bs.query_profit_data(code='_____', year= _____,
quarter=_____)
```

2. 要使用 baostock 库的 query_profit_data() 函数接口抓取证券代码为 "sh.600682" 的企业 2021 年第 1 季度到第 4 季度的季频盈利能力数据，quarter_list 为列表，请将下面代码的空白处填写完整。

```
quarter_list = ['_____', '_____', '_____', '_____']
```

3. 使用 baostock 库的 query_profit_data() 函数接口抓取证券代码为 "sh.600682" 的企业 2020 年第 1 季度的季频盈利能力数据，并将数据存放到 CSV 文件中。请将关键代码写在画线处。

```
_____
lg = bs.login()
print('login respond error_code:'+lg.error_code)
print('login respond  error_msg:'+lg.error_msg)
profit_list = []
rs_profit = _____(code='_____', year= _____, quarter=_____)
while (rs_profit.error_code == '0') & rs_profit.next():
    profit_list.append(rs_profit.get_row_data())
result_profit = pd.DataFrame(profit_list, columns=rs_profit.fields)
print(result_profit)
_____('d:/profit_600682_1.csv', encoding='gbk', index=False)
bs.logout()
```

4. 使用 baostock 库的 query_profit_data() 函数接口抓取证券代码为 "sh.600682" 的企业 2021 年第 1 季度到第 4 季度的季频盈利能力数据，并将数据存到 profit 表中。请将关键代码写在画线处。

```
_____
lg = bs.login()
print('login respond error_code:'+lg.error_code)
print('login respond  error_msg:'+lg.error_msg)
quarter_list = ['_____', '_____', '_____', '_____']
# 查询季频盈利能力数据
```

```
profit_list = []
for x in_____:
        rs_profit =_____(code='_____', year=___, quarter=___)
        while (rs_profit.error_code == '0') & rs_profit.next():
            profit_list.append(rs_profit.get_row_data())
result_profit = pd.DataFrame(profit_list, columns=rs_profit.fields)
result_profit.to_csv('d:/profit_600682.csv', encoding='___', index=False)
result_profit.to_sql('_____', con='mysql+pymysql://root:123456@localhost:
3306/lhtz?charset=utf8', if_exists='append', index=False)
print(_____)
bs.logout()
```

二、单选题

1. 对以下代码描述错误的是（　　　）。

```
profit_list = []
rs_profit = bs.query_profit_data(code="sh.600000", year=2017, quarter=2)
while (rs_profit.error_code == '0') & rs_profit.next():
    profit_list.append(rs_profit.get_row_data())
result_profit = pd.DataFrame(profit_list, columns=rs_profit.fields)
# 输出
print(result_profit)
```

　　A. 本代码抓取的是证券代码为"sh.600000"的企业的数据

　　B. 本代码抓取的是企业 2017 年的数据

　　C. 本代码抓取的是企业的季频偿债能力数据

　　D. 本代码抓取的是企业第二季度的数据

2. 对以下代码描述错误的是（　　　）。

```
result.to_sql('salary',
con='mysql+pymysql://root:654321@localhost:3306/yggz?charset=utf8',
if_exists='append', index=False)
```

　　A. 本代码中 Mysql 服务器的登录账号是"root"

　　B. 本代码中登录账号的登录密码是"123456"

　　C. 本代码中登录的服务器是本地服务器

　　D. 本代码中存放表的数据库是 yggz

任务三　抓取企业其他季频能力数据

动画 4.3

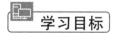 学习目标

　　【知识目标】掌握季频营运能力 query_operation_data()函数接口、季频成长能力 query_growth_data()函数接口、季频偿债能力 query_balance_data()函数接口的用法。

　　【技能目标】能在适当的业务场景中使用季频营运能力 query_operation_data()函数接口、季频成长能力 query_growth_data()函数接口、季频偿债能力 query_balance_data()函数接口分别完成特定上市企业当年或多年季频营运能力数据、季频成长能力数据、季频偿债能力数据的抓取。

　　【素质目标】能够做到内心笃定且着眼于细节，具备耐心、执着、坚持的专注精神，在工作中追求突破、追求革新。

德技兼修

小强： 学长，用于对企业进行财务分析的指标除了盈利能力指标，还有营运能力指标、成长能力指标、偿债能力指标等。那抓取这些财务分析指标数据的编程思路是不是与之前基本相似呢？我现在非常想把证券代码为"sz.300102"的企业除盈利能力指标数据以外的其他财务分析指标数据都抓取下来。我应该怎么做呢？

大富学长： 如果忙忙碌碌，只是机械做事，是很难提高工作水平的，我发现你很会总结和归纳。"引而伸之，触类而长之，天下之能事毕矣也"，讲的就是要学会触类旁通，通过分析、归纳、总结，从一个个具体的案例与事件中得到一套普遍适用的方法，然后将其用于处理其他问题。处理问题时多观察、勤思考，才能透过现象看本质。只有这样，才能在工作中得心应手、游刃有余。

来自企业的技能任务

序号	岗位技能要求	对应企业任务
1	用 query_operation_data()函数接口、query_growth_data()函数接口、query_balance_data()函数接口完成特定上市企业季频营运能力、季频成长能力、季频偿债能力数据的抓取	【任务 4.3.1】使用 baostock 库的季频营运能力 query_operation_data()函数接口、季频成长能力 query_growth_data()函数接口、季频偿债能力 query_balance_data()函数接口分别抓取证券代码为"sz.300102"的企业 2021 年第 4 季度的季频营运能力数据、季频成长能力数据和季频偿债能力数据，并分别将数据存入 CSV 格式的文件和 lhtz 数据库对应的表中
2	用 query_operation_data()函数接口、query_growth_data()函数接口、query_balance_data()函数接口完成特定上市企业多年季频营运能力、季频成长能力、季频偿债能力数据的抓取	【任务 4.3.2】使用 baostock 库的季频营运能力 query_operation_data()函数接口、季频成长能力 query_growth_data()函数接口、季频偿债能力 query_balance_data()函数接口分别抓取证券代码为"sz.300102"的企业 2017—2021 年第 4 季度的季频营运能力数据、季频成长能力数据、季频偿债能力数据，并分别将数据存入 CSV 格式的文件和 lhtz 数据库对应的表中

学知识技能

抓取企业其他季频能力数据

一、企业季频营运能力函数接口

第三方库 baostock 的 query_operation_data()函数接口专门用来抓取上市企业的季频营运能力数据。用户可以通过对该函数接口的输入参数进行设置，来抓取对应证券代码、年份、季度的企业营运能力数据。该函数接口能提供 2007 年至今的数据，其输入参数、输出参数分别如表 4.3.1、表 4.3.2 所示。

表 4.3.1　　　　　　　　query_operation_data()函数接口的输入参数

参数名称	参数描述
code	证券代码。该参数可以为空
year	统计年份。该参数为空时，默认为当前年份
quarter	统计季度。该参数可为空，默认为当前季度。该参数不为空时，只有 4 个取值：1、2、3、4

表 4.3.2　　　　　　　　　query_operation_data()函数接口的输出参数

参数名称	参数描述	算法说明
code	证券代码	
pubDate	企业发布财报的日期	
statDate	财报统计季度的最后一天，如 2023-03-31、2023-06-30	
NRTurnRatio	应收账款周转率，单位为次	营业收入/[(期初应收票据及应收账款净额+期末应收票据及应收账款净额)/2]
NRTurnDays	应收账款周转天数，单位为天	季报天数/应收账款周转率（一季报：90天；中报：180天；三季报：270天；年报：360天）
INVTurnRatio	存货周转率，单位为次	营业成本/[(期初存货净额+期末存货净额)/2]
INVTurnDays	存货周转天数，单位为天	季报天数/存货周转率（一季报：90天；中报：180天；三季报：270天；年报：360天）
CATurnRatio	流动资产周转率，单位为次	营业总收入/[(期初流动资产+期末流动资产)/2]
AssetTurnRatio	总资产周转率	营业总收入/[(期初资产总额+期末资产总额)/2]

二、企业季频成长能力函数接口

第三方库 baostock 的 query_growth_data()函数接口专门用来抓取上市企业的季频成长能力数据。用户可以通过对该函数接口的输入参数进行设置，来抓取对应证券代码、年份、季度的企业成长能力数据。该函数接口能提供 2007 年至今的数据，其输入参数同表 4.3.1，输出参数如表 4.3.3 所示。

表 4.3.3　　　　　　　　　query_growth_data()函数接口的输出参数

参数名称	参数描述	算法说明
code	证券代码	
pubDate	企业发布财报的日期	
statDate	财报统计季度的最后一天，如 2023-03-31、2023-06-30	
YOYEquity	净资产同比增长率	（本期净资产-上年同期净资产）/上年同期净资产的绝对值×100%
YOYAsset	总资产同比增长率	（本期总资产-上年同期总资产）/上年同期总资产的绝对值×100%
YOYNI	净利润同比增长率	（本期净利润-上年同期净利润）/上年同期净利润的绝对值×100%
YOYEPSBasic	基本每股收益同比增长率	（本期基本每股收益-上年同期基本每股收益）/上年同期基本每股收益的绝对值×100%
YOYPNI	归属母公司股东净利润同比增长率	（本期归属母公司股东净利润-上年同期归属母公司股东净利润）/上年同期归属母公司股东净利润的绝对值×100%

三、企业季频偿债能力函数接口

第三方库 baostock 的 query_balance_data()函数接口专门用来抓取上市企业的季频偿债能

力数据。用户可以通过对该函数接口的输入参数进行设置，来抓取对应证券代码、年份、季度的企业偿债能力数据。该函数接口能提供 2007 年至今的数据，其输入参数同表 4.3.1，输出参数如表 4.3.4 所示。

表 4.3.4　　　　　　　　　query_balance_data()函数接口输出参数

参数名称	参数描述	算法说明
code	证券代码	
pubDate	企业发布财报的日期	
statDate	财报统计季度的最后一天，比如 2023-03-31、2023-06-30	
currentRatio	流动比率	流动资产/流动负债
quickRatio	速动比率	(流动资产-存货净额)/流动负债
cashRatio	现金比率	(货币资金+交易性金融资产)/流动负债
YOYLiability	总负债同比增长率	(本期总负债-上年同期总负债)/上年同期总负债的绝对值×100%
liabilityToAsset	资产负债率	负债总额/资产总额×100%
assetToEquity	权益乘数	资产总额/股东权益总额=1/(1-资产负债率)

【任务 4.3.1】使用 baostock 库的季频营运能力 query_operation_data()函数接口、季频成长能力 query_growth_data()函数接口、季频偿债能力 query_balance_data()函数接口分别抓取证券代码为"sz.300102"的企业 2021 年第 4 季度的季频营运能力数据、季频成长能力数据和季频偿债能力数据，并分别将数据存入 CSV 格式的文件中和 lhtz 数据库对应的表中。

首先需要将本任务用到的第三方库进行引入并给它们设定别名；然后登录 baostock 系统；分别设置存储 3 种财务指标数据的列表，包括存放季频营运能力数据的 operation_list 列表、存放季频成长能力数据的 growth_list 列表、存放季频偿债能力数据的 balance_list 列表；接下来，使用 3 个函数接口分别进行连接，3 个函数接口的输入参数均为：code=sz.300102、year=2021、quarter=4。对每个函数接口的编程都是通过 while 循环将其返回的数据一条一条放到列表中，再将列表数据一次性存放到 DataFrame 类型的容器中；然后将数据存放到 CSV 文件中并输出；本任务将在本地磁盘 D 盘根目录下创建 operation_data.csv、growth_data.csv、balance_data.csv 这 3 个文件；最后将抓取的数据存入 lhtz 数据库的 3 张数据表——operation、growth、balance 中。

在 Python 编译环境录入并运行如下代码：

```
import baostock as bs
import pandas as pd
import pymysql
# 登录系统
lg = bs.login()
# 显示登录返回信息
print('login respond error_code:'+lg.error_code)
print('login respond  error_msg:'+lg.error_msg)
operation_list = []    # 存放季频营运能力数据的列表
growth_list = []       # 存放季频成长能力数据的列表
balance_list = []      # 存放季频偿债能力数据的列表
```

```
# 使用季频营运能力函数接口抓取数据
rs_operation = bs.query_operation_data(code='sz.300102', year=2021, quarter=4)
while (rs_operation.error_code == '0') & rs_operation.next():
    operation_list.append(rs_operation.get_row_data())
result_operation = pd.DataFrame(operation_list, columns=rs_operation.fields)
# 输出
print(result_operation)
# 将结果输出到 CSV 文件中
result_operation.to_csv('D:/operation_data.csv', encoding='gbk', index=False)
# 将结果输出到 lhtz 数据库的 operation 表中
result_operation.to_sql('operation',
con='mysql+pymysql://root:123456@localhost:3306/lhtz?charset=utf8',
if_exists='append', index=False)
# 使用季频成长能力函数接口抓取数据
rs_growth = bs.query_growth_data(code='sz.300102', year=2021, quarter=4)
while (rs_growth.error_code == '0') & rs_growth.next():
    growth_list.append(rs_growth.get_row_data())
result_growth = pd.DataFrame(growth_list, columns=rs_growth.fields)
# 输出
print(result_growth)
# 将结果输出到 CSV 文件中
result_growth.to_csv('D:/growth_data.csv', encoding='gbk', index=False)
# 将结果输出到 lhtz 数据库的 growth 表中
result_growth.to_sql('growth',
con='mysql+pymysql://root:123456@localhost:3306/lhtz?charset=utf8',
if_exists='append', index=False)
# 使用季频偿债能力函数接口抓取数据
rs_balance = bs.query_balance_data(code='sz.300102', year=2021, quarter=4)
while (rs_balance.error_code == '0') & rs_balance.next():
    balance_list.append(rs_balance.get_row_data())
result_balance = pd.DataFrame(balance_list, columns=rs_balance.fields)
# 输出
print(result_balance)
# 将结果输出到 CSV 文件中
result_balance.to_csv('D:/balance_data.csv', encoding='gbk', index=False)
# 将结果输出到 lhtz 数据库的 balancesheet 表中
result_balance.to_sql('balance',
con='mysql+pymysql://root:123456@localhost:3306/lhtz?charset=utf8',
if_exists='append', index=False)
# 退出系统
bs.logout()
```

运行结果如下所示。

```
login success!
login respond error_code:0
login respond  error_msg:success
      code    pubDate   statDate NRTurnRatio NRTurnDays INVTurnRatio \
0  sz.300102 2022-04-27 2021-12-31   2.223987  161.871433   3.365777

  INVTurnDays CATurnRatio AssetTurnRatio
0  106.958947   0.823291      0.305864
      code    pubDate   statDate YOYEquity   YOYAsset   YOYNI  \
```

```
0  sz.300102  2022-04-27  2021-12-31  0.100453  -0.022508  1.750663

    YOYEPSBasic    YOYPNI
0   1.742857   1.756722
        code       pubDate      statDate currentRatio quickRatio cashRatio  \
0  sz.300102  2022-04-27  2021-12-31     0.948758   0.756168  0.177258

    YOYLiability liabilityToAsset assetToEquity
0    -0.097163         0.573814      2.346395
logout success!
```

【任务 4.3.2】使用 baostock 库的季频营运能力 query_operation_data()函数接口、季频成长能力 query_growth_data()函数接口、季频偿债能力 query_balance_data()函数接口分别抓取证券代码为"sz.300102"的企业 2017—2021 年第 4 季度的季频营运能力数据、季频成长能力数据、季频偿债能力数据，并分别将数据存入 CSV 格式的文件中和 lhtz 数据库对应的表中。

当财务人员需要抓取更多年份的数据时，可以增加一个存放年份的列表，并对抓取的年份进行设定，以便在 for 循环中进行数据抓取。由于本任务有 3 个函数接口用来抓取数据，因此设置了 3 个变量 x、y、z 进行循环。在 Python 编译环境录入并运行如下代码：

```python
import baostock as bs
import pandas as pd
import pymysql
# 登录系统
lg = bs.login()
# 显示登录返回信息
print('login respond error_code:'+lg.error_code)
print('login respond  error_msg:'+lg.error_msg)
operation_list = []    # 存放季频营运能力数据的列表
growth_list = []       # 存放季频成长能力数据的列表
balance_list = []      # 存放季频偿债能力数据的列表
year_list = ['2021', '2020', '2019', '2018', '2017']
for x in year_list:
    # 使用季频营运能力函数接口抓取数据
    rs_operation = bs.query_operation_data(code='sz.300102', year=x, quarter=4)
    while (rs_operation.error_code == '0') & rs_operation.next():
        operation_list.append(rs_operation.get_row_data())
result_operation = pd.DataFrame(operation_list, columns=rs_operation.fields)
# 输出
print(result_operation)
# 将结果输出到 CSV 文件中
result_operation.to_csv('d:/operation_data_4.csv', encoding='gbk', index=False)
# 将结果输出到 lhtz 数据库的 operation 表中
result_operation.to_sql('operation',
con='mysql+pymysql://root:123456@localhost:3306/lhtz?charset=utf8',
if_exists='append', index=False)
for y in year_list:
    # 使用季频成长能力函数接口抓取数据
    rs_growth = bs.query_growth_data(code='sz.300102', year=y, quarter=4)
    while (rs_growth.error_code == '0') & rs_growth.next():
        growth_list.append(rs_growth.get_row_data())
result_growth = pd.DataFrame(growth_list, columns=rs_growth.fields)
```

```
# 输出
print(result_growth)
# 将结果输出到 CSV 文件中
result_growth.to_csv('d:/growth_data_4.csv', encoding='gbk', index=False)
# 将结果输出到 lhtz 数据库的 growth 表中
result_growth.to_sql('growth',
con='mysql+pymysql://root:123456@localhost:3306/lhtz?charset=utf8',
if_exists='append', index=False)
for z in year_list:
    # 使用季频偿债能力函数接口抓取数据
    rs_balance = bs.query_balance_data(code='sz.300102', year=z, quarter=4)
    while (rs_balance.error_code == '0') & rs_balance.next():
        balance_list.append(rs_balance.get_row_data())
result_balance = pd.DataFrame(balance_list, columns=rs_balance.fields)
# 输出
print(result_balance)
# 将结果输出到 CSV 文件中
result_balance.to_csv('D:/balance_data_4.csv', encoding='gbk', index=False)
# 将结果输出到 lhtz 数据库的 balance 表中
result_balance.to_sql('balance',
con='mysql+pymysql://root:123456@localhost:3306/lhtz?charset=utf8',
if_exists='append', index=False)
# 退出系统
bs.logout()
```

运行结果如下所示。

```
login success!
login respond error_code:0
login respond  error_msg:success
        code       pubDate    statDate  NRTurnRatio  NRTurnDays  INVTurnRatio  \
0  sz.300102  2022-04-27  2021-12-31     2.223987  161.871433      3.365777
1  sz.300102  2021-04-26  2020-12-31     1.657935  217.137593      2.984872
2  sz.300102  2020-04-29  2019-12-31     1.151587  312.612169      2.127873
3  sz.300102  2019-04-23  2018-12-31     1.015206  354.607661      2.018801
4  sz.300102  2018-03-01  2017-12-31     1.978483  181.957589      2.778806

   INVTurnDays  CATurnRatio  AssetTurnRatio
0   106.958947     0.823291        0.305864
1   120.608197     0.516979        0.200681
2   169.183011     0.381040        0.156512
3   178.323634     0.340633        0.176460
4   129.552023     0.439114        0.263309
        code       pubDate    statDate  YOYEquity   YOYAsset      YOYNI  \
0  sz.300102  2022-04-27  2021-12-31   0.100453  -0.022508   1.750663
1  sz.300102  2021-04-26  2020-12-31  -0.095247  -0.099327   0.115444
2  sz.300102  2020-04-29  2019-12-31  -0.100224   0.081142  -2.555708
3  sz.300102  2019-04-23  2018-12-31   0.064785   0.206738  -0.145200
4  sz.300102  2018-03-01  2017-12-31   0.084586   0.603695   3.352001

   YOYEPSBasic    YOYPNI
0     1.742857  1.756722
1     0.125000  0.118075
2    -2.538462 -2.555466
3    -0.133333 -0.145206
```

```
4    3.285714   3.352001
        code      pubDate     statDate currentRatio quickRatio cashRatio  \
0  sz.300102   2022-04-27   2021-12-31      0.948758   0.756168  0.177258
1  sz.300102   2021-04-26   2020-12-31      0.921601   0.773247  0.206889
2  sz.300102   2020-04-29   2019-12-31      1.562817   1.309565  0.481863
3  sz.300102   2019-04-23   2018-12-31      1.383267   1.149548  0.386153
4  sz.300102   2018-03-01   2017-12-31      2.519314   2.315029  1.476998

  YOYLiability liabilityToAsset assetToEquity
0    -0.097163         0.573814      2.346395
1    -0.101693         0.621262      2.640349
2     0.230126         0.622899      2.651807
3     0.356093         0.547458      2.209737
4     2.232270         0.487162      1.949935
logout success!
```

固知识技能

一、填空题

1. 使用 baostock 库的 query_operation_data()函数接口抓取证券代码为"sh.600682"的企业 2021 年第 1 季度的季频营运能力数据。请将关键代码写在画线处。

```
import baostock as bs
import pandas as pd
lg = bs.login()
_____ = []   # 存放季频营运能力数据的列表
# 使用季频营运能力函数接口抓取数据
rs_operation = _____(code='_____', year=_____, quarter=____)
while (rs_operation.error_code == '0') & rs_operation.next():
    _____.append(rs_operation.get_row_data())
result_operation = pd.DataFrame(_____, columns=rs_operation.fields)
# 输出
print(_____)
# 将结果输出到 CSV 文件中
_____('D:/operation_data600682.csv', encoding='gbk', index=False)
bs.logout()
```

2. 使用 baostock 库 query_balance_data()函数接口抓取证券代码为"sh.600682"的企业 2016 年至 2021 年第 1 季度的季频偿债能力数据。请将关键代码写在画线处。

```
import baostock as bs
import pandas as pd
# 登录系统
lg = bs.login()
balance_list = []      # 存放季频偿债能力数据的列表
year_list = ['_____', '_____', '_____', '_____', '_____', '_____']
# 使用季频偿债能力函数接口抓取数据
for _____ in year_list:
    rs_balance = _____(code='_____', year=____, quarter=____)
    while (rs_balance.error_code == '0') & rs_balance.next():
        _____.append(rs_balance.get_row_data())
result_balance = pd.DataFrame(_____, columns=rs_balance.fields)
# 输出
```

```
print(result_balance)
# 将结果输出到CSV文件中
result_balance.to_csv('D:/balance600682_data_4.csv', encoding='gbk', index=False)
bs.logout()
```

二、请将函数接口及其功能进行连线

query_operation_data()函数接口   抓取季频偿债能力数据

query_growth_data()函数接口   抓取季频成长能力数据

query_balance_data()函数接口   抓取季频盈利能力数据

query_profit_data()函数接口   抓取季频营运能力数据

任务四　用网络爬虫抓取网页

动画 4.4

学习目标

【知识目标】掌握使用 read_html()函数接口抓取网页中表格数据的方法。

【技能目标】能在适当的业务场景中使用 read_html()函数接口抓取网页中的表格数据。

【素质目标】熟悉国家法律、法规和国家统一的会计制度，培养爱岗敬业、诚实守信、廉洁自律、客观公正、坚持准则的职业道德。

德技兼修

小强：2021 年 9 月，某信息技术公司员工吴先生发现网上售卖的一款爬虫软件居然可以爬取自己公司的后台数据和直播间客户的相关信息，随即报警。2022 年 5 月 10 日，经江苏省无锡市梁溪区人民检察院提起公诉，梁溪区人民法院以"提供侵入、非法控制计算机信息系统程序、工具罪"判处被告人丁某有期徒刑一年六个月，缓刑两年，并处罚金三万元。此案系全国首例短视频平台领域网络爬虫案件。学长，今天我们就要学习网络爬虫这个神秘且实用的技术了，我突然有点担心。

大富学长：网络爬虫作为一项技术手段本身并不违法，但由于这个案件中的软件避开或突破计算机信息系统的安全保护措施，未经许可进入原告单位的计算机系统，属于非法获取计算机信息系统数据罪中的"侵入"行为。"提供侵入、非法控制计算机信息系统程序、工具罪"是《中华人民共和国刑法修正案（七）》中的一个罪名，情节严重的，会被处以刑罚。这个案件中涉及的爬虫软件利用技术手段突破短视频平台的反爬取措施，非法获取后台服务器内指定的数据文件。互联网行业的从业人员，要高度重视信息系统安全，严格遵守相关法律法规要求，合法合规开展自身业务。

来自企业的技能任务

序号	岗位技能要求	对应企业任务
1	用 read_html()函数接口抓取网页中的表格数据	【任务 4.4.1】使用网络爬虫爬取证券代码为 "sz.300102" 的企业 2021 年的财务指标数据

续表

序号	岗位技能要求	对应企业任务
2	用 read_html()函数接口抓取网页中多年的表格数据	【任务 4.4.2】使用网络爬虫爬取证券代码为"sz.300102"的企业 2007—2021 年的财务指标数据

 **学知识技能**

用网络爬虫抓取网页

网络爬虫，又称为网络蜘蛛或网络机器人，是互联网时代一项普遍应用的网络信息搜集技术。该项技术最早应用于搜索引擎领域，是搜索引擎获取数据资源的支撑性技术之一。随着数据资源的爆炸式增长，网络爬虫的应用场景和商业模式变得更加多样，较为常见的有新闻平台的内容汇聚和生成、电商平台的价格对比、基于气象数据的天气预报应用等。一个出色的网络爬虫工具能够处理大量的数据，大大提高了工作效率。网络爬虫作为数据抓取的实践工具，是互联网开放和信息资源共享理念的基石，如同互联网世界的一群工蜂，不断地推动网络空间的建设和发展。

爬虫本身并不违法，使用爬虫时需要把握：爬取什么数据、如何爬取、爬取到以后怎么用。首先是爬取什么数据。个人信息、商业秘密与国家秘密是数据爬取的"红线"，不可触犯。其次是如何爬取。如果爬取公开的数据，通常不会被认为侵权，谷歌、百度等搜索引擎都是这样爬取数据的。"侵入"式爬取意味着绕过防护措施对数据进行访问，或者说通过"隐瞒事实、虚构真相"的方式对数据进行访问，比如通过利用大量代理 IP（Internet Protocol，互联网协议）地址、伪造设备标识等技术手段，绕过招聘网站服务器的防护策略，窃取存放在服务器上的用户数据，这些都是违法的。最后是爬取到以后怎么用。在对爬取来的数据进行商业利用时不能实质替代原服务网站，将原服务网站的客户引流走，而应采取对原服务网站的影响更小的方式，比如注明出处、在出现爬取数据的地方给出原服务网站的超链接等。

我们平常在浏览网页时会遇到一些表格型的数据信息，除了表格本身体现的内容以外，要想对表格中的数据进行汇总、筛选、处理、分析等，从而得到更多有价值的信息，这时可用 Python 爬虫来实现。pandas 第三方库中的 read_html()函数接口可用于快速、准确地抓取表格数据。

【任务 4.4.1】使用网络爬虫爬取证券代码为"sz.300102"的企业 2021 年的财务指标数据。

（1）使用网络爬虫抓取数据前首先要确定爬取的数据内容。比如，要抓取证券代码为"sz.300102"的上市企业 2021 年的财务指标数据，首先要登录新浪财经网站，然后在首页的搜索栏处输入"300102"，打开上市企业乾照光电的页面。

（2）在页面左侧的"财务数据"栏选择"财务指标"，进入乾照光电财务指标页面，选择"2021"，如图 4.4.1 所示。

（3）将乾照光电 2021 年各项财务指标数据所在页面的网址复制、粘贴到 pandas 库的 read_html()函数接口的参数列表中。在 Python 编译平台录入的代码如下。

```
# 引入第三方库 pandas，并起别名 pd
import pandas as pd
# 将证券代码为"sz.300102"的企业的财务指标数据所在网页的网址作为 read_html()函数接口的参数
# 并将 read_html()读取到的网页内容，放置到 DataFrame 表格中
tables = pd.read_html('https://money.finance.sina.com.cn/corp/go.php/vFD_
FinancialGuideLine/stockid/300102/ctrl/2021/displaytype/4.phtml')
# 展示采集到的数据
print(tables)
```

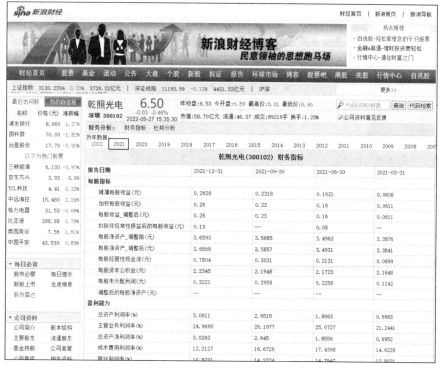

图 4.4.1　乾照光电 2021 年的财务指标页面

上述代码会将 read_html() 中网址对应的网页内容全部抓取下来并显示，运行结果如下所示。

[	名称	价格 (元)	涨跌幅
0	尚未添加自选，点击进入	尚未添加自选，点击进入	尚未添加自选，点击进入
1	NaN	NaN	NaN
2	我的自选股>>	我的自选股>>	我的自选股>>
3	以下为热门股票	以下为热门股票	以下为热门股票
4	NaN	NaN	NaN, 0 1
0	股市必察	每日提示	
1	新股上市	龙虎榜单	
2	股市雷达	NaN, 0 1	
0	公司简介	股本结构	
1	主要股东	流通股东	
2	基金持股	公司高管	
3	公司章程	相关资料, 0 1	
0	分时走势	行情中心	
1	大单追踪	成交明细	
2	分价图表	持仓分析, 0 1	
0	分红配股	新股发行	
1	增发情况	招股说明	
2	上市公告	上市公告, 0 1	
0	财务摘要表	财务摘要表	
1	资产负债表	资产负债表	

2	公司利润表	公司利润表		
3	现金流量表	现金流量表,	0	1
0	业绩预告	业绩预告		
1	股东权益增减	股东权益增减,	0	1
0	财务指标	杜邦分析,	0	1
0	所属行业	所属指数		
1	相关证券	基本资料		
2	所属系别	所属板块,	0	1
0	公司公告	年度报告		
1	中期报告	第一季度		
2	第三季度	第三季度,	0	1
0	控股参股	参股券商		
1	资产托管	资产置换		
2	资产交易	资产剥离,	0	1
0	股东大会	股东大会		
1	违规记录	NaN		
2	诉讼仲裁	NaN		

3	对外担保	NaN,	乾照光电 (300102) 财务指标	乾照光电 (300102) 财务指标.1	乾照光电 (300102) 财务指标.2 \
0		报告日期	2021-12-31	2021-09-30	
1		每股指标	每股指标	每股指标	
2		摊薄每股收益 (元)	0.2628	0.2318	
3		加权每股收益 (元)	0.26	0.23	
4		每股收益_调整后 (元)	0.26	0.23	
..					
88		3 年以内预付货款 (元)	--	--	
89		1 年以内其他应收款 (元)	--	--	
90		1-2 年以内其他应收款 (元)	39000	--	
91		2-3 年以内其他应收款 (元)	146400	--	
92		3 年以内其他应收款 (元)	16083728.7	--	

	乾照光电 (300102) 财务指标.3	乾照光电 (300102) 财务指标.4	乾照光电 (300102) 财务指标.5
0	2021-06-30	2021-03-31	NaN
1	每股指标	每股指标	NaN
2	0.1621	0.0608	NaN
3	0.16	0.0611	NaN
4	0.16	0.0611	NaN
..			NaN
88	--	--	NaN
89	--	--	NaN
90	176000	--	NaN
91	2120640	--	NaN
92	16085943.04	--	NaN

[93 rows x 6 columns],   0   1

0 NaN   ↑返回页顶↑]

（4）将抓取到的数据和新浪财经网页的内容进行对比，发现抓取的是网页中的表格数据。其实大部分网页都是用表格构成的，为了能更清楚地看到我们抓取的财务指标数据属于哪一个表格，可以使用如下代码将不同表格进行区分。

```
# 引入第三方库 pandas，并起别名 pd
import pandas as pd
# 将证券代码为 "sz.300102" 的企业的财务指标数据所在网页的地址作为 read_html() 函数接口的参数
# 并将 read_html() 读到的网页内容，放置到 DataFrame 表格中
tables = pd.read_html('https://money.finance.sina.com.cn/corp/go.php/vFD_
FinancialGuideLine/stockid/300102/ctrl/2021/displaytype/4.phtml')
num=0
for i in tables:      # 引入 for 循环，遍历抓取的所有表格，一个一个进行输出
    print("索引从 0 开始，这是第",num,"个表格")
    print(i)           # 并用 "一分隔符一" 进行分隔
    print('一分隔符一')
    num=num+1
```

运行结果如下所示。

```
        索引从 0 开始，这是第 0 个表格
            名称              价格(元)            涨跌幅
0   尚未添加自选，点击进入   尚未添加自选，点击进入    尚未添加自选，点击进入
1        NaN              NaN              NaN
2      我的自选股>>          我的自选股>>          我的自选股>>
3     以下为热门股票         以下为热门股票          以下为热门股票
4        NaN              NaN              NaN
一分隔符一
索引从 0 开始，这是第 1 个表格
        0      1
0   股市必察   每日提示
1   新股上市   龙虎榜单
2   股市雷达    NaN
一分隔符一
索引从 0 开始，这是第 2 个表格
        0      1
0   公司简介   股本结构
1   主要股东   流通股东
2   基金持股   公司高管
3   公司章程   相关资料
一分隔符一
索引从 0 开始，这是第 3 个表格
        0      1
0   分时走势   行情中心
1   大单追踪   成交明细
2   分价图表   持仓分析
一分隔符一
索引从 0 开始，这是第 4 个表格
```

```
         0      1
0  分红配股   新股发行
1  增发情况   招股说明
2  上市公告   上市公告
—分隔符—
索引从 0 开始，这是第 5 个表格
         0      1
0  财务摘要表   财务摘要表
1  资产负债表   资产负债表
2  公司利润表   公司利润表
3  现金流量表   现金流量表
—分隔符—
索引从 0 开始，这是第 6 个表格
         0      1
0   业绩预告    业绩预告
1  股东权益增减   股东权益增减
—分隔符—
索引从 0 开始，这是第 7 个表格
        0     1
0  财务指标   杜邦分析
—分隔符—
索引从 0 开始，这是第 8 个表格
        0     1
0  所属行业   所属指数
1  相关证券   基本资料
2  所属系别   所属板块
—分隔符—
索引从 0 开始，这是第 9 个表格
        0     1
0  公司公告   年度报告
1  中期报告   第一季度
2  第三季度   第三季度
—分隔符—
索引从 0 开始，这是第 10 个表格
        0     1
0  控股参股   参股券商
1  资产托管   资产置换
2  资产交易   资产剥离
—分隔符—
索引从 0 开始，这是第 11 个表格
        0     1
0  股东大会   股东大会
1  违规记录    NaN
2  诉讼仲裁    NaN
```

```
3   对外担保    NaN
—分隔符—
索引从 0 开始，这是第 12 个表格
    乾照光电(300102) 财务指标 乾照光电(300102) 财务指标.1 乾照光电(300102) 财务指标.2  \
0          报告日期        2021-12-31        2021-09-30
1          每股指标            每股指标            每股指标
2      摊薄每股收益(元)          0.2628          0.2318
3      加权每股收益(元)           0.26           0.23
4    每股收益_调整后(元)           0.26           0.23
..          ...            ...            ...
88   3年以内预付货款(元)            --             --
89  1年以内其他应收款(元)            --             --
90  1-2年以内其他应收款(元)          39000            --
91  2-3年以内其他应收款(元)          146400           --
92  3年以内其他应收款(元)       16083728.7           --

    乾照光电(300102) 财务指标.3 乾照光电(300102) 财务指标.4  乾照光电(300102) 财务指标.5
0          2021-06-30        2021-03-31              NaN
1              每股指标            每股指标              NaN
2            0.1621           0.0608              NaN
3              0.16           0.0611              NaN
4              0.16           0.0611              NaN
..             ...            ...              ...
88             --             --              NaN
89             --             --              NaN
90           176000           --              NaN
91          2120640           --              NaN
92      16085943.04           --              NaN

[93 rows x 6 columns]
—分隔符—
索引从 0 开始，这是第 13 个表格
    0        1
0 NaN  ↑返回页顶↑
—分隔符—
```

（5）从第 1 个 "—分隔符—" 开始计算表格的个数。网页的表格索引从 0 开始，第 1 张表格的索引为 0，第 2 张表格的索引是 1，以此类推，第 13 张表格的索引是 12，所以可以将 "12" 这个数字存入 tables 变量的参数中，并将抓取到的第 13 张表格的数据存储到文件 "D:/catch_300102.csv" 中。在 Python 编译环境录入并运行如下代码。

```
# 引入第三方库 pandas，并起别名 pd
import pandas as pd
# 将证券代码为 "sz.300102" 的企业的财务指标数据所在网页的地址作为 read_html()函数接口的参数
# 并将 read_html()读取到的网页内容，放置到 DataFrame 数据表格中
tables = pd.read_html('https://money.finance.sina.com.cn/corp/go.php/vFD_
FinancialGuideLine/stockid/300102/ctrl/2021/displaytype/4.phtml')
# 展示采集到的数据
```

```
tables=tables[12]
# 将数据存储到 D 盘的 catch_300102.csv 文件中
tables.to_csv("D:/catch_300102.csv", encoding="gbk", index=False)
print(tables)
```

运行结果如下所示。

```
       乾照光电(300102) 财务指标 乾照光电(300102) 财务指标.1 乾照光电(300102) 财务指标.2  \
0              报告日期          2021-12-31           2021-09-30
1              每股指标               每股指标               每股指标
2         摊薄每股收益(元)             0.2628             0.2318
3         加权每股收益(元)              0.26               0.23
4        每股收益_调整后(元)             0.26               0.23
..              ...                ...                ...
88       3年以内预付货款(元)               --                 --
89       1年以内其他应收款(元)              --                 --
90      1-2年以内其他应收款(元)           39000                --
91      2-3年以内其他应收款(元)          146400                --
92       3年以内其他应收款(元)        16083728.7              --

       乾照光电(300102) 财务指标.3 乾照光电(300102) 财务指标.4 乾照光电(300102) 财务指标.5
0              2021-06-30         2021-03-31               NaN
1                  每股指标               每股指标               NaN
2                0.1621             0.0608               NaN
3                 0.16             0.0611               NaN
4                 0.16             0.0611               NaN
..                 ...                ...               ...
88                  --                 --               NaN
89                  --                 --               NaN
90              176000                 --               NaN
91             2120640                 --               NaN
92           16085943.04              --               NaN

[93 rows x 6 columns]
```

【任务 4.4.2】使用网络爬虫爬取证券代码为 "sz.300102" 的企业 2007—2021 年的财务指标数据。

任务 4.4.1 完成的是抓取证券代码为 "sz.300102" 的企业在 2021 年的财务指标数据，用户要想下载企业其他年度的财务指标数据，可以对这些财务指标数据的网址进行归纳，从而找到规律。不同年份的财务指标数据的网址中只有年份发生了变化，其他内容完全相同。

因此，要抓取企业多年的财务指标数据就需要用到 for 循环语句，并将我们需要下载的财务指标数据的年份放在一个数组里。range()函数可用于创建并返回一个包含指定范围内元素的数组，其语法格式为 range(first,second,step)。该函数创建一个数组，包含从 first 到 second（包含 first 和 second）的整数或其他字符。这里我们需要使用占位符，可将%s 作为占位符，并用 year 变量依次从数组中取数 2007～2021，然后用其不断替代网址中的%s，具体代码如下：

```
import pandas as pd
# 将证券代码为 "sz.300102" 的企业的财务指标数据所在网页的网址作为 read_html()函数接口的参数
# 并将 read_html()读取到的网页内容，放置到 DataFrame 数据表格中
```

```
for year in range(2007,2022):  # 根据年份进行遍历
    tables = pd.read_html('https://money.finance.sina.com.cn/corp/go.php/vFD_
FinancialGuideLine/stockid/300102/ctrl/%s/displaytype/4.phtml' % year)
# 使用占位符不断替换年份，以获得不同年份财务指标数据的网址
    # 展示采集到的数据
    table=tables[12]
    print(table)
    # 使用占位符不断替换年份，以获得存储不同年份财务指标数据的文件名称
    # 将数据存储到 D 盘中以 catch_300102 开头的 CSV 文件中，文件名和年份对应
    table.to_csv("D:/catch_300102_%s.csv"%year, encoding="gbk", index=False)
```

由于此段代码会输出证券代码为"sz.300102"的企业 2007—2021 年的所有财务指标数据，数据量较大，因此不在书中显示运行结果。此段代码运行后，读者可以在 D 盘看到抓取的证券代码为"sz.300102"的企业 2007—2021 年的财务指标数据。本任务还可以通过 pandas 的 concat()函数对抓取的数据表进行合并、优化，感兴趣的读者可以自行拓展。

📇 固知识技能

一、填空题

使用网络爬虫技术从新浪财经网站爬取比亚迪公司 2020—2022 年的利润表数据。请将关键代码写在画线处。

```
import pandas as pd
for _____ in range(____,____):  # 根据年份进行遍历
    tables = pd.read_html(' https://money.finance.sina.com.cn/corp/go.php/vFD_
ProfitStatement/stockid/002594/ctrl/_____/displaytype/4.phtml '_____)
# 使用占位符不断替换年份，以获得不同年份利润表的网址
    # 展示采集到的数据
    table=tables[_____]
    print(table)
    # 使用占位符不断替换年份，以获得存储不同年份利润表的文件名称
    # 将数据存储到 D 盘中以 catch_002594 开头的 CSV 文件中，文件名和年份对应
    table.to_csv("D:/catch_002594_%s.csv"%year, encoding="gbk", index=False)
```

二、编程题

1. 使用网络爬虫技术爬取新浪财经网站中证券代码为"sh.600682"的企业 2021 年的资产负债表数据。

2. 使用网络爬虫技术爬取新浪财经网站中证券代码为"sh.600682"的企业 2016—2021 年的资产负债表数据。

项目五

财务大数据可视化

我们常说"一图胜千言",这句话强调了数据可视化的必要性。对投行、金融、咨询等相关行业的从业者而言,创建可视化图表可以使分析的结果更加清晰易懂。当提交项目结果时,我们也能通过可视化图表,以一种清晰、简洁且引人注目的方式展示最终结果,以便加深受众理解。Python 作为一个强大的工具,只需要少量代码,就能帮助我们轻松实现数据可视化。本项目我们将学习使用 Python 的第三方库 Matplotlib 的子库 pyplot 分别从自行构建的列表、从文件、从数据库中读取数据,然后实现数据可视化的具体方法。

任务一　从列表中读取数据进行可视化

动画 5.1

学习目标

【知识目标】掌握画布函数 figure()、子图函数 subplot()、柱形图函数 bar()、条形图函数 barh()、折线图函数 plot()、饼图函数 pie()、保存图片函数 savefig() 等绘图函数的用法。

【技能目标】能在不同业务场景中使用常用绘图函数,并通过自行构建 Python 列表进行数据可视化展示。

【素质目标】正确理解物质决定意识、意识对物质具有能动作用的内涵,发扬毛遂自荐的精神,勇于展示自己的才华。

德技兼修

小强:我听到好多学长都说"文不如表,表不如图"。学长,这是说明在职场中进行企业数据分析的时候,使用图表会有更好的展现效果吧?

大富学长:是的。在职场上,我们要学会制作图表来更好地展现数据分析结果。其实,我们在生活和工作中也要学会展现自己。很多人总以为,只要自己有足够的耐心去等待,机会总有一天会敲响自己的大门。与其等待机会来敲自己的大门,倒不如自己去敲机会的大门。虽说世界上先有伯乐,然后才有千里马,但"千里马常有,而伯乐不常有",因此我们要有毛遂自荐的精神,勇于展示自己。

来自企业的技能任务

序号	岗位技能要求	对应企业任务
1	从列表中读取数据,绘制折线图对数据进行可视化展示	【任务 5.1.1】已知证券代码为"sz.300102"的企业 2017—2021 年第 4 季度的季频盈利能力数据如图 5.1.1 所示。自行构建列表,使用 Matplotlib 库的 pyplot 子库绘制企业 2017—2021 年第 4 季度的销售毛利率折线图
2	从列表中读取数据,在同一个坐标系中绘制多个折线图对数据进行可视化展示	【任务 5.1.2】已知证券代码为"sz.300102"的企业 2017—2021 年第 4 季度的季频盈利能力数据如图 5.1.1 所示。自行构建列表,使用 Matplotlib 库的 pyplot 子库绘制企业 2017—2021 年第 4 季度的销售毛利率折线图、销售净利率折线图,并将两个折线图在同一个坐标系中显示
3	从列表中读取数据,在多个坐标系中绘制折线图对数据进行可视化展示	【任务 5.1.3】已知证券代码为"sz.300102"的企业 2017—2021 年第 4 季度的季频盈利能力数据如图 5.1.1 所示。自行构建列表,使用 Matplotlib 库的 pyplot 子库绘制企业 2017—2021 年第 4 季度的销售毛利率、销售净利率折线图,并将两个折线图分别显示在画布的左、右两个区域中
4	从列表中读取数据,绘制柱形图对数据进行可视化展示	【任务 5.1.4】已知证券代码为"sz.300102"的企业 2017—2021 年第 4 季度的季频盈利能力数据如图 5.1.1 所示。自行构建列表,使用 Matplotlib 库的 pyplot 子库绘制企业 2017—2021 年第 4 季度净利润的柱形图
5	从列表中读取数据,绘制饼图对数据进行可视化展示	【任务 5.1.5】已知证券代码为"sz.300102"的企业 2017 年第 4 季度的季频盈利能力数据如图 5.1.1 所示。自行构建列表,使用 Matplotlib 库的 pyplot 子库绘制企业 2017 年第 4 季度的非流通股本与流通股本饼图,其中,非流通股本=总股本-流通股本

学知识技能

Python 的第三方库 Matplotlib 是一个非常强大的绘图工具,其中的 pyplot 子库是一个类似命令风格的函数集合,使得 Matplotlib 的工作模式和 MATLAB 的工作模式相似。pyplot 子库提供了用来绘图的各种函数,如表 5.1.1～表 5.1.4 所示。

从列表中读取数据进行可视化

表 5.1.1　　　　　　　　　　pyplot 子库中的常用绘图函数

函数名称	描述
figure(num,figsize, dpi,facecolor,**kwargs)	创建一个空白画布,可以指定画布大小。各参数的含义如下。 • num:指定图像编号或名称,数字为编号,字符串为名称 • figsize:指定画布的宽和高,单位为英寸 • dpi:指定画布的分辨率,即每英寸(约等于 2.5 厘米)画布中有多少个像素,默认值为80。 • facecolor:指定背景颜色 • **kwargs:其他关键字
subplot(nrows,ncols,index,**kwargs)	绘制多个子图。各参数的含义如下。 • nrows:指定将数据图区域分成多少行 • ncols:指定将数据图区域分成多少列 • index:指定获得多少个子图 • **kwargs:其他关键字

表 5.1.2   pyplot 子库中的图形相关属性设置函数

函数名称	描述
title()	设置当前图形的标题
xlabel()	设置 x 轴标题
ylabel()	设置 y 轴标题

表 5.1.3   pyplot 子库中图形的保存函数和显示函数

函数名称	描述
savefig()	保存绘制的图形，可以指定图形的分辨率、边缘的颜色等参数。注意：plt.savefig(r"d:\非流通股本与流通股本饼图 5.1.7kk.png")与 plt.savefig("d:/非流通股本与流通股本饼图 5.1.7kk.png")实现的函数功能相同
show()	显示图形

表 5.1.4   pyplot 子库中各种图形的绘制函数

函数名称	描述
bar(x, y, width, color,**kwargs)	绘制柱形图，在 x 轴上绘制定性数据的分布特征。各参数的含义如下。 • x：标示在 x 轴上的定性数据的类别 • y：每种定性数据的类别的数量 • width：指定柱形的宽度，默认值为 0.8 • color：指定柱形的填充色 • **kwargs：其他关键字
barh(x, y, height, left, color,**kwargs)	绘制条形图，在 y 轴上绘制定性数据的分布特征。各参数的含义如下。 • x：标示在 y 轴上的定性数据的类别 • y：每种定性数据的类别的数量 • width：指定水平条的宽度 • height：指定水平条的高度，默认值为 0.8 • color：指定水平条形图的填充色
pie(x, explode, labels, colors, autopct, **kwargs)	绘制饼图。各参数的含义如下。 • x：指定饼图的数据 • explode：指定饼图的某些部分突出显示，即呈现爆炸式效果 • labels：为饼图添加标签说明，类似于图例 • colors：指定饼图的填充色 • autopct：自动添加百分比显示，可以采用格式化的方法显示，如 '%.2f%%'
plot(x, y, ls, lw, marker, label, color, **kwargs)，其中，lw 可以写成 linewidth，ls 可以写成 linestyle	绘制折线图。各参数的含义如下。 • x：指定 x 轴上的数值 • y：指定 y 轴上的数值 • ls：指定折线图的线条风格，如 "--" 和 "-" • lw：指定折线图的线条宽度 • marker：记号，一般有 "*" "^" "+" "-" 等 • label：标记图形内容的标签文本 • color：折线的颜色

【任务 5.1.1】已知证券代码为 "sz.300102" 的企业 2017—2021 年第 4 季度的季频盈利能力数据如图 5.1.1 所示。自行构建列表，使用 Matplotlib 库的 pyplot 子库绘制企业 2017—2021 年第 4 季度的销售毛利率折线图。

证券代码	公司发布财报的日期	财报统计季度的最后一天	净资产收益率（平均）	销售净利率	销售毛利率	净利润/元	每股收益/元	主营营业收入/元	总股本/元	流通股本/元
code	pubDate	statDate	roeAvg	npMargin	gpMargin	netProfit	epsTTM	MBRevenue	totalShare	liqaShare
sz.300102	2022/4/27	2021/12/31	0.075682	0.098942	0.255859	1859258903	0.264124	1860332822	707390811	707117961
sz.300102	2021/4/26	2020/12/31	-0.099784	-0.188248	0.067163	-247682074.8	-0.348975	1304570549	707515811	707016061
sz.300102	2020/4/29	2019/12/31	-0.10207	-0.269434	0.076354	-280007241.3	-0.395697	1039240844	707515811	707500811
sz.300102	2019/4/23	2018/12/31	0.064288	0.174819	0.291726	1799870102	0.250118	1019663542	719603311	707500811
sz.300102	2018/3/1	2017/12/31	0.080795	0.186289	0.369046	2105603322.5	0.293913	1130287914	716403311	682486938

图 5.1.1　证券代码为"sz.300102"的企业 2017—2021 年第 4 季度的季频盈利能力数据

（1）导入需要用到的两个第三方库，即 Matplotlib 第三方库中的 pyplot 子库和 pandas 库，为其分别设置别名 plt 和 pd。

（2）通过设置 plt 的两个属性 rcParams['font.family']='SimHei'、rcParams['axes.unicode_minus'] = False，让生成的图形能够显示中文。

（3）调用 figure()函数，用 figsize=(8,6)设置画布大小；并创建存放横坐标、纵坐标数据的列表 x 和 y，其中，x = ['2017-12-31','2018-12-31','2019-12-31','2020-12-31','2021-12-31']，y = [0.369046,0.291726,0.076354,0.067163,0.255859]。

列表是最常用的 Python 数据类型之一，它可以用方括号进行标识，其中的数据项用"，"分隔。列表中的数据项不需要具有相同的类型。创建一个列表，只要把逗号分隔的不同数据项使用方括号括起来即可，列表的索引从 0 开始。如下所示的列表都是正确的。

```
list1 = ['physics', 'chemistry', 1997, 2000]
list2 = [1, 2, 3, 4, 5]
list3 = ["a", "b", "c", "d"]
```

（4）使用函数 plt.plot(x,y)绘制折线图。折线图的横坐标和纵坐标分别来自第三步设置的 x 列表和 y 列表中的数据。

（5）用 plt.xlabel('时间')设置横坐标轴标题为"时间"，用 plt.ylabel('销售毛利率')设置纵坐标轴标题为"销售毛利率"，用 plt.title('企业 2017—2021 年第 4 季度销售毛利率折线图')设置折线图的标题为"企业 2017—2021 年第 4 季度销售毛利率折线图"。

（6）调用 plt.show()将绘制好的图像进行显示，并通过 plt.savefig("d:/销售毛利率折线图5.1.2.jpg")将图像存放到 D 盘中。具体代码如下：

```
# 引入 Matplotlib 第三方库中的 pyplot 子库
import matplotlib.pyplot as plt
# 引入第三方库 pandas
import pandas as pd
# 设置中文字体，让图表可以显示中文
plt.rcParams['font.family'] = 'SimHei'
plt.rcParams['axes.unicode_minus'] = False
# 创建大小为 8×6 的画布
plt.figure(figsize=(8,6))
# 对绘制图形的横坐标进行设置
x = ['2017-12-31','2018-12-31','2019-12-31','2020-12-31','2021-12-31']
# 对绘制图形的纵坐标进行设置
y = [0.369046,0.291726,0.076354,0.067163,0.255859]
# 将图形以折线图形式展示
plt.plot(x, y)
# 设置折线图的横坐标轴标题
plt.xlabel('时间')
# 设置折线图的纵坐标轴标题
```

```
plt.ylabel('销售毛利率')
# 设置折线图的标题
plt.title('企业 2017—2021 年第 4 季度销售毛利率折线图')
# 显示折线图
plt.show()
# 为图像命名并保存图像
plt.savefig("d:/销售毛利率折线图 5.1.2.jpg")
```

生成的折线图如图 5.1.2 所示。

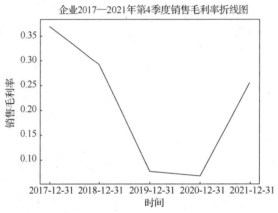

图 5.1.2　企业 2017—2021 年第 4 季度销售毛利率折线图

【任务 5.1.2】已知证券代码为"sz.300102"的企业 2017—2021 年第 4 季度的季频盈利能力数据如图 5.1.1 所示。自行构建列表，使用 Matplotlib 库的 pyplot 子库绘制企业 2017—2021 年第 4 季度的销售毛利率折线图、销售净利率折线图，并将两个折线图在同一个坐标系中显示。

（1）导入需要用到的两个第三方库，即 Matplotlib 第三方库中的 pyplot 子库和 pandas 库，为其分别设置别名 plt 和 pd。

（2）通过设置 plt 的两个属性 rcParams['font.family']='SimHei'、rcParams['axes.unicode_minus'] = False，让生成的图形能够显示中文。

（3）调用 figure()函数，用 figsize=(8,6)设置画布大小；由于是二维图形，所以应当设置横坐标为时间，纵坐标为销售毛利率、销售净利率，创建时间列表 x = ['2017-12-31','2018-12-31','2019-12-31','2020-12-31','2021-12-31']、销售毛利率列表 y1 = [0.369046,0.291726,0.076354,0.067163,0.255859]、销售净利率列表 y2 = [0.186289,0.174819,0.269434,−0.188248,0.098942]。

（4）由于需要绘制的两个折线图在同一个坐标系中显示，所以两次调用折线图绘制函数，即 plt.plot(x,y1)、plt.plot(x,y2)。为了使两个折线图有所区别，对折线图的线条风格、颜色等进行不同的设置。

（5）用 plt.xlabel('时间')设置横坐标轴标题为"时间"，用 plt.ylabel('指标值')设置纵坐标轴标题为"指标值"，用 plt.title('销售毛利率 vs 销售净利率')设置图表的标题为"销售毛利率 vs 销售净利率"；plt.legend()的目的是将两种折线图的图例显示出来。

（6）调用 plt.show()将绘制好的图像进行显示，并通过 plt.savefig("d:/组合折线图 5.1.3.png")将图像存放到 D 盘中。具体代码如下：

```
# 引入 Matplotlib 第三方库中的 pyplot 子库
import matplotlib.pyplot as plt
# 引入第三方库 pandas
import pandas as pd
# 设置中文字体，让图表可以显示中文
plt.rcParams['font.family'] = 'SimHei'
plt.rcParams['axes.unicode_minus'] = False
# 创建大小为 8×6 的画布
plt.figure(figsize=(8,6))
# 时间
x = ['2017-12-31','2018-12-31','2019-12-31','2020-12-31','2021-12-31']
# 销售毛利率
y1 = [0.369046,0.291726,0.076354,0.067163,0.255859]
# 销售净利率
y2 = [0.186289,0.174819,-0.269434,-0.188248,0.098942]
# 绘制销售毛利率折线图
plt.plot(x, y1, lw = 2, color = 'lightblue', ls = '--', marker = '*', label =
'销售毛利率')
# 绘制销售净利率折线图
plt.plot(x, y2, lw = 2, color = 'steelblue', marker = '*', label = '销售净利率')
# 设置坐标轴标题
plt.xlabel('时间')
plt.ylabel('指标值')
# 设置折线图标题
plt.title('销售毛利率 vs 销售净利率')
# 给图像加上图例
plt.legend()
# 显示组合折线图 plt.show()
plt.show()
# 为图像命名并保存图像
plt.savefig("d:/组合折线图5.1.3.png")
```

　　生成的组合折线图如图 5.1.3 所示。

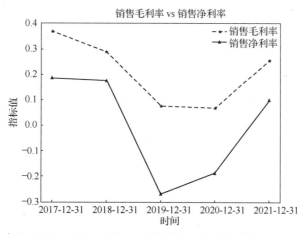

图 5.1.3　企业 2017—2021 年第 4 季度销售毛利率与销售净利率组合折线图

【任务 5.1.3】已知证券代码为"sz.300102"的企业 2017—2021 年第 4 季度的季频盈利能力数据如图 5.1.1 所示。自行构建列表，使用 Matplotlib 库的 pyplot 子库绘制企业 2017—2021 年第 4 季度的销售毛利率、销售净利率折线图，并将两个折线图分别显示在画布的左、右两个区域中。

（1）导入需要用到的两个第三方库，即 Matplotlib 第三方库中的 pyplot 子库和 pandas 库，为其分别设置别名 plt 和 pd。

（2）通过设置 plt 的两个属性 rcParams['font.family']='SimHei'、rcParams['axes.unicode_minus'] = False，让生成的图形能够显示中文。

（3）调用 figure()函数，用 figsize=(12,6)设置画布大小；由于是二维图形，所以应当设置横坐标为时间，纵坐标分别为销售毛利率、销售净利率，创建时间列表 x = ['2017-12-31', '2018-12-31','2019-12-31','2020-12-31','2021-12-31']、销售毛利率列表 y1 = [0.369046,0.291726, 0.076354,0.067163,0.25585]、销售净利率列表 y2 = [0.186289,0.174819,0.269434,-0.188248, 0.098942]。

（4）由于需要绘制的两个折线图要分别显示在不同的坐标系上，所以需要调用 subplot()绘制子图。先使用 ax1=plt.subplot(121)绘制左边的子图一，这句代码也可写成 subplot(1,2,1)，表示把显示界面分割成 1 行 2 列的网格，其中，第一个参数是行数，第二个参数是列数，第三个参数表示图形的标号。这里是将画布分成一行两列的区域，将子图一放在一行两列区域中的第一个区域。通过 ax1=plt.plot(x, y1)绘制子图一，通过 ax1=plt.xlabel('时间')设置子图一的横坐标轴标题，通过 ax1=plt.ylabel('销售毛利率')设置子图一的纵坐标轴标题，通过 ax1 = plt.title('销售毛利率折线图')设置子图一的标题。

（5）绘制右边的子图二。使用 ax2 = plt.subplot(122)将子图二放在一行两列区域中的第二个区域。通过 ax2 = plt.plot(x, y2) 绘制子图二，通过 ax2 = plt.xlabel('时间') 设置子图二的横坐标轴标签，通过 ax2 = plt.ylabel('销售净利率') 设置子图二的纵坐标轴标签，通过 ax2 = plt.title('销售净利率折线图')设置子图二的标题。

（6）通过 plt.savefig("d:/子图组合折线图 5.1.4.png")将图像存放到 D 盘中。具体代码如下：

```
# 引入 Matplotlib 第三方库中的 pyplot 子库
import matplotlib.pyplot as plt
# 引入第三方库 pandas
import pandas as pd
# 设置中文字体，让图表可以显示中文
plt.rcParams['font.family'] = 'SimHei'
plt.rcParams['axes.unicode_minus'] = False
# 创建大小为 12×6 的画布
plt.figure(figsize=(12,6))
# 时间
x = ['2017-12-31','2018-12-31','2019-12-31','2020-12-31','2021-12-31']
# 销售毛利率
y1 = [0.369046,0.291726,0.076354,0.067163,0.255859]
# 销售净利率
y2 = [0.186289,0.174819,-0.269434,-0.188248,0.098942]
# 将画布分成一行两列的区域，将子图一放在一行两列区域中的第一个区域
ax1 = plt.subplot(121)
# 绘制子图一
```

```
ax1 = plt.plot(x, y1)
# 设置子图一的坐标轴标题
ax1 = plt.xlabel('时间')
ax1 = plt.ylabel('销售毛利率')
# 设置子图一的标题
ax1 = plt.title('销售毛利率折线图')
# 将画布分成一行两列的区域，将子图二放在一行两列区域中的第二个区域
ax2 = plt.subplot(122)
# 绘制子图二
ax2 = plt.plot(x, y2)
# 设置子图二的坐标轴标题
ax2 = plt.xlabel('时间')
ax2 = plt.ylabel('销售净利率')
# 设置子图二的标题
ax2 = plt.title('销售净利率折线图')
# 为图像命名并保存图像
plt.savefig("d:/子图组合折线图 5.1.4.png")
```

生成的子图组合折线图如图 5.1.4 所示。

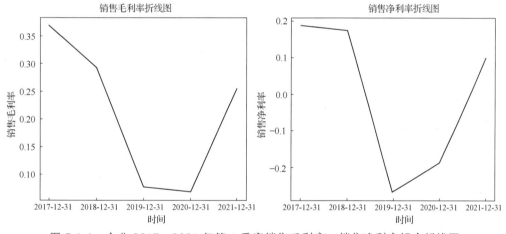

图 5.1.4 企业 2017—2021 年第 4 季度销售毛利率、销售净利率组合折线图

【任务 5.1.4】已知证券代码为"sz.300102"的企业 2017—2021 年第 4 季度的季频盈利能力数据如图 5.1.1 所示。自行构建列表，使用 Matplotlib 库的 pyplot 子库绘制企业 2017—2021 年第 4 季度净利润的柱形图。

（1）导入需要用到的两个第三方库，即 Matplotlib 第三方库中的 pyplot 子库和 pandas 库，为其分别设置别名 plt 和 pd。

（2）通过设置 plt 的两个属性 rcParams['font.family']='SimHei'、rcParams['axes.unicode_minus'] = False，让生成的图形能够显示中文。

（3）调用 figure() 函数，用 figsize=(12,6) 设置画布大小。由于是二维图形，所以应当设置横坐标为时间，纵坐标为净利润。创建列表 x = ['2017-12-31','2018-12-31','2019-12-31','2020-12-31','2021-12-31']、y = [210560322.45,179987010.23,−280007241.28,−247682074.83,185925890.33]。

（4）调用函数 plt.bar(x, y ,width=0.75)绘制柱形图。

（5）调用函数 plt.xlabel('时间')、plt.ylabel('净利润/亿元）')、plt.title('企业 2017—2021 年第 4 季度净利润柱形图')分别设置图形的横坐标轴标题、纵坐标轴标题和标题。

（6）通过 plt.savefig("d:/净利润柱形图 5.1.5.png")将图像存放到 D 盘中。具体代码如下：

```python
# 引入 Matplotlib 第三方库中的 pyplot 子库
import matplotlib.pyplot as plt
# 引入第三方库 pandas
import pandas as pd
# 设置中文字体，让图表可以显示中文
plt.rcParams['font.family'] = 'SimHei'
plt.rcParams['axes.unicode_minus'] = False
# 创建大小为 12×6 的画布
plt.figure(figsize=(12,6))
# 时间
x = ['2017-12-31','2018-12-31','2019-12-31','2020-12-31','2021-12-31']
# 净利润
y = [210560322.45,179987010.23,-280007241.28,-247682074.83,185925890.33]
# 绘制柱形图
plt.bar(x, y ,width=0.75)
# 设置坐标轴标题
plt.xlabel('时间')
plt.ylabel('净利润/亿元')
# 设置图像标题
plt.title('企业 2017—2021 年第 4 季度净利润柱形图')
# 为图像命名并保存图像
plt.savefig("d:/净利润柱形图 5.1.5.png")
```

生成的净利润柱形图如图 5.1.5 所示。

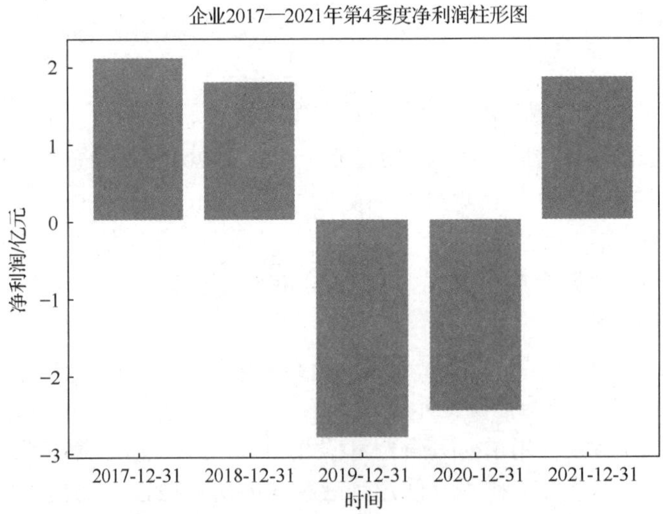

图 5.1.5　企业 2017—2021 年第 4 季度净利润柱形图

当企业需要用水平条形图进行展示时，可以将如上代码的 plt.bar 替换成 plt.barh。具体代码如下：

```
# 引入 Matplotlib 第三方库中的 pyplot 子库
import matplotlib.pyplot as plt
# 引入第三方库 pandas
import pandas as pd
# 设置中文字体，让图表可以显示中文
plt.rcParams['font.family'] = 'SimHei'
plt.rcParams['axes.unicode_minus'] = False
# 创建大小为 12×6 的画布
plt.figure(figsize=(12,6))
# 时间
x = ['2017-12-31','2018-12-31','2019-12-31','2020-12-31','2021-12-31']
# 净利润
y = [210560322.5,179987010.2,-280007241.3,-247682074.8,185925890.3]
# 以条形图展示
plt.barh(x,y,color="maroon" )
# 设置坐标轴标题
plt.xlabel('净利润/亿元')
plt.ylabel('时间')
# 设置图像标题
plt.title('企业 2017—2021 年第 4 季度净利润条形图')
# 为图像命名并保存图像
plt.savefig("d:/净利润条形图 5.1.6.png")
```

生成的净利润条形图如图 5.1.6 所示。

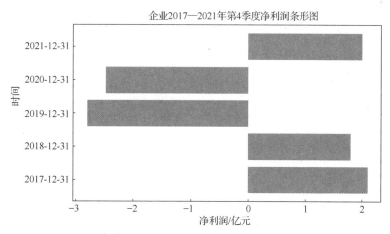

图 5.1.6　企业 2017 年—2022 年第 4 季度净利润条形图

【任务 5.1.5】已知证券代码为"sz.300102"的企业 2017 年第 4 季度的季频盈利能力数据如图 5.1.1 所示。自行构建列表，使用 Matplotlib 库的 pyplot 子库绘制企业 2017 年第 4 季度的非流通股本与流通股本饼图，其中，非流通股本=总股本–流通股本。

（1）导入需要用到的两个第三方库，即 Matplotlib 第三方库中的 pyplot 子库和 pandas 库，为其分别设置别名 plt 和 pd。

（2）通过设置 plt 的两个属性 rcParams['font.family']='SimHei'、rcParams['axes.unicode_minus'] = False，让生成的图形能够显示中文。

（3）调用 figure()函数，用 figsize=(8,6)设置画布大小；饼图中只有两个数据，即非流通股本与流通股本，将数据列表设置为 x=[682486938,33916373]；饼图需要设置标签，设置数据列表中两个数据对应的标签列表 lab = ['流通股本','非流通股本']；如果希望饼图有突出显示部分，可以通过设置列表 explode1=[0,1]，将突出显示部分用 1 表示；通过颜色列表，可设置饼图中不同数据项的颜色，令 color1=['#9999ff','#ff9999']。

（4）调用饼图函数 plt.pie(x,labels=lab,explode=explode1,autopct='%.2f%%',colors=color1)，将对应参数设置成第三步已经设置好的列表数据，其中，autopct='%.2f%%'的作用是让饼图中的数据项显示为百分比格式并保留两位小数。

（5）通过 plt.savefig("d:/非流通股本与流通股本饼图 5.1.7.png")将图像存放到 D 盘中。具体代码如下：

```python
# 引入 Matplotlib 第三方库中的 pyplot 子库
import matplotlib.pyplot as plt
# 引入第三方库 pandas
import pandas as pd
# 设置中文字体，让图表可以显示中文
plt.rcParams['font.family'] = 'SimHei'
plt.rcParams['axes.unicode_minus'] = False
# 创建大小为 8×6 的画布
plt.figure(figsize=(8,6))
# 饼图数据标签列表
lab = ['流通股本','非流通股本']
# 饼图突出显示部分列表，0 为饼图不突出显示部分，1 为突出显示部分
explode1=[0,1]
# 饼图颜色列表
color1=['#9999ff','#ff9999']
# 饼图数据列表
x=[682486938,33916373]
plt.pie(x,labels=lab,explode=explode1,autopct='%.2f%%',colors=color1)
plt.title("企业 2017 年第 4 季度非流通股本与流通股本饼图")
# 为图像命名并保存图像
plt.savefig("d:/非流通股本与流通股本饼图 5.1.7.png")
```

生成的非流通股本与流通股本饼图如图 5.1.7 所示。

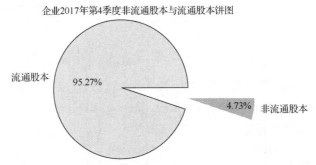

图 5.1.7　企业 2017 年第 4 季度非流通股本与流通股本饼图

固知识技能

填空题

1. 证券代码为"sh.600682"的企业 2016—2021 年第 1 季度的季频偿债能力数据如图 5.1.8 所示。自行构建列表,使用 Matplotlib 库的 pyplot 子库绘制企业 2016—2021 年第 1 季度的资产负债率折线图,如图 5.1.9 所示。请将关键代码写在画线处。

证券代码	公司发布财报的日期	财报统计季度的最后一天	流动比率	速动比率	现金比率	总负债同比增长率	资产负债率	权益乘数
code	pubDate	statDate	currentRatio	quickRatio	cashRatio	YOYLiability	liabilityToAsset	assetToEquity
sh.600682	2016/4/29	2016/3/31	0.745739	0.362451	0.288294	0.221573	0.88031	8.354895
sh.600682	2017/4/28	2017/3/31	0.719579	0.425545	0.312681	0.164396	0.712194	3.474561
sh.600682	2018/4/28	2018/3/31	0.7709	0.535261	0.380533	0.013291	0.668162	3.013518
sh.600682	2019/4/26	2019/3/31	1.104361	0.944881	0.444828	-0.521518	0.359603	1.561532
sh.600682	2020/4/29	2020/3/31	1.434514	1.341948	0.729088	-0.139682	0.291408	1.411249
sh.600682	2021/4/30	2021/3/31	1.528833	1.458765	1.069913	0.098073	0.302875	1.434463

图 5.1.8 证券代码为"sh.600682"的企业 2016—2021 年第 1 季度的季频偿债能力数据

```
# 引入 Matplotlib 第三方库中的 pyplot 子库并起别名 plt
_____
# 引入第三方库 pandas 并起别名 pd
_____
# 设置中文字体,让图表可以显示中文
plt.rcParams['font.family'] = 'SimHei'
plt.rcParams['axes.unicode_minus'] = False
plt.figure(_____)  # 创建大小为 8×6 的画布
# 参考图 5.1.8 的 statdate 列对绘制图形的横坐标进行设置
x = ['_____','_____','_____','_____','_____','_____']
# 参考图 5.1.8 的 liabilityToEquity 列对绘制图形的纵坐标进行设置
y = [_____,_____,_____,_____,_____,_____]
# 绘制折线图
_____(x, y)
# 设置折线图的横坐标轴标题
_____('时间')
# 设置折线图的纵坐标轴标题
_____('资产负债率')
# 设置图像标题
_____('企业 2016—2021 年第 1 季度资产负债率折线图')
# 为图像命名并保存图像
plt.savefig("d:/资产负债率折线图 1.jpg")
# 显示图形
plt.show()
```

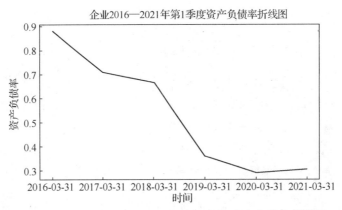

图 5.1.9　企业 2016—2021 年第 1 季度资产负债率折线图

2. 证券代码为"sh.600682"的企业 2016—2021 年第 1 季度的季频营运能力数据如图 5.1.10 所示。自行构建图表，使用 Matplotlib 库的 pyplot 子库绘制企业 2016—2021 年第 1 季度应收账款周转天数的条形图，如图 5.1.11 所示。请将关键代码写在画线处。

证券代码	公司发布财报的日期	财报统计季度的最后一天	应收账款周转率/次	应收账款周转天数	存货周转率/次	存货周转天数	流动资产周转率/次	总资产周转率/次
code	pubDate	statDate	NRTurnRatio	NRTurnDays	INVTurnRatio	INVTurnDays	CATurnRatio	AssetTurnRatio
sh.600682	2016/4/29	2016/3/31	35.945176	2.503813	0.651126	138.22202	0.435203	0.188672
sh.600682	2017/4/28	2017/3/31	8.506042	10.580715	0.619757	145.218216	0.393675	0.15765
sh.600682	2018/4/28	2018/3/31	3.949757	22.786214	0.847722	106.166876	0.410486	0.147294
sh.600682	2019/4/26	2019/3/31	1.549717	58.075135	0.83856	107.326884	0.251149	0.092343
sh.600682	2020/4/29	2020/3/31	1.088206	82.704916	1.06138	84.795261	0.162415	0.061632
sh.600682	2021/4/30	2021/3/31	1.31992	68.185926	1.31878	68.244916	0.148286	0.059779

图 5.1.10　证券代码为"sh.600682"的企业 2016—2021 年第 1 季度的季频营运能力数据

```
import matplotlib.pyplot as plt      # 引入 Matplotlib 第三方库中的 pyplot 子库
import pandas as pd                  # 引入第三方库 pandas
# 设置中文字体，让图表可以显示中文
plt.rcParams['font.family'] = 'SimHei'
plt.rcParams['axes.unicode_minus'] = False
_____ (figsize=(12,6))  # 创建大小为 12×6 的画布
# 横坐标为时间
x = ['2016-03-31','2017-03-31','2018-03-31','2019-03-31','2020-03-31',
'2021-03-31']
# 使用图 5.1.10 的 NRTurnDays 列构建横坐标列表，表示周转天数
y = [_____,_____,_____,_____,_____,_____]
_____ (_____,_____,color="maroon" )  # 以条形图展示
plt.xlabel('_____')  # 设置坐标轴标题
plt.ylabel('_____')
# 设置图像标题
plt.title('2016—2021 年第 1 季度应收账款周转天数条形图')
# 为图像命名并保存图像
_____ ("d:/2016—2021 年第 1 季度应收账款周转天数条形图.png")
```

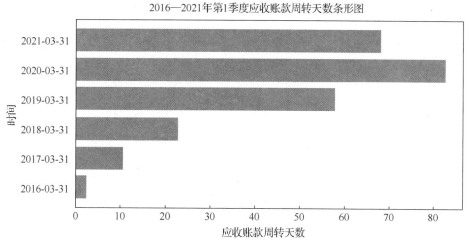

图 5.1.11　企业 2016—2021 年第 1 季度应收账款周转天数条形图

3. 证券代码为"sh.600682"的企业 2021 年第 1 季度的季频盈利能力数据如图 5.1.12 所示。自行构建列表，使用 Matplotlib 库的 pyplot 子库绘制企业 2021 年第 1 季度的非流通股本与流通股本饼图（见图 5.1.13），其中，非流通股本=总股本-流通股本。请将关键代码写在画线处。

证券代码	公司发布财报的日期	财报统计季度的最后一天	净资产收益率（平均）	销售净利率	销售毛利率	净利润/元	每股收益/元	主营业务收入/元	总股本/元	流通股本/元
code	pubDate	statDate	roeAvg	npMargin	gpMargin	netProfit	epsTTM	MBRevenue	totalShare	liqaShare
sh.600682	2021/4/30	2021/3/31	0.01695	0.210833	0.573005	311328520.8	0.602869		1346132221	1165030275

图 5.1.12　证券代码为"sh.600682"的企业 2021 年第 1 季度的季频盈利能力数据

```
import matplotlib.pyplot as plt    # 引入 Matplotlib 第三方库中的 pyplot 子库
import pandas as pd                # 引入第三方库 pandas
# 设置中文字体，让图表可以显示中文
plt.rcParams['font.family'] = 'SimHei'
plt.rcParams['axes.unicode_minus'] = False
plt.figure(figsize=(_____))  # 创建大小为 8×6 的画布
# 饼图数据标签列表
lab = ['_____','_____']
# 饼图颜色列表
color1=['#9999ff','#ff9999']
totalShare = _____         # 总股本
liqaShare = _____          # 流通股本
x=[_____,(_____)]     # 构建饼图数据列表
plt.pie(____,labels=_____,autopct='%.2f%%',colors=_____)
          ("企业 2021 年第 1 季度非流通股本与流通股本饼图")
# 为图像命名并保存图像
plt.savefig("非流通股本与流通股本饼图.png")
```

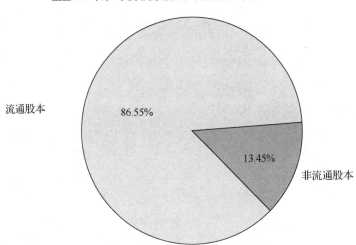

图 5.1.13　企业 2021 年第 1 季度非流通股本与流通股本饼图

任务二　从文件中读取数据进行可视化

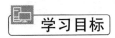 **学习目标**

动画 5.2

【知识目标】掌握使用 read_csv()函数从文件中读取数据的方法，使用
sort_values()函数对数据进行排序的方法，使用 DataFrame 格式数据读取特定列数据、特定行数据的方法。

【技能目标】能在不同业务场景中使用 read_csv()函数、sort_values()函数从文件中读取数据并进行可视化展示。

【素质目标】尊重客观规律，能够发挥主观能动性，在学习和工作中坚持一丝不苟、实事求是的作风。

德技兼修

大富学长：在任务一中我们将要展现的数据写在列表里，然后通过第三方库的函数进行展示。但是对于一些抓取到的数据，可能数据量比较大，直接读取文件里的数据进行可视化会更加方便。

小强：我现在除了学习用可视化方法展示一些重要的财务分析数据，也尝试在朋友和老师面前敢于展示自己。我最近看新闻，发现我们国家很早就深刻认识到新形势下加强和改进国际传播工作的重要性和必要性，正在下大气力加强国际传播能力建设，形成同我国综合国力和国际地位相匹配的国际话语权。

大富学长：是啊，讲好中国故事，传播好中国声音，展示真实、立体、全面的中国，是加强我国国际传播能力建设的重要任务。新时代的青年学生，应胸怀世界，在推动构建人类命运共同体中展现担当。

来自企业的技能任务

序号	岗位技能要求	对应企业任务
1	从文件中读取数据，绘制折线图对数据进行可视化展示	【任务 5.2.1】已知证券代码为"sz.300102"的企业 2017—2021 年第 4 季度的季频盈利能力数据存放在 CSV 格式的文件中，具体内容如图 5.2.1 所示（第一行的中文是为了提高可读性增加的，在 CSV 源文件没有）。使用 Matplotlib 库的 pyplot 子库从文件中读取数据，并绘制企业 2017—2021 年第 4 季度的销售毛利率折线图
2	从文件中读取数据，绘制柱形图对数据进行可视化展示	【任务 5.2.2】已知证券代码为"sz.300102"的企业 2017—2021 年第 4 季度的季频盈利能力数据如图 5.2.1 所示。使用 Matplotlib 库的 pyplot 子库从文件中读取数据，并绘制企业 2017—2021 年第 4 季度净利润的柱形图
3	从文件中读取数据，绘制饼图对数据进行可视化展示	【任务 5.2.3】已知证券代码为"sz.300102"的企业 2017 年第 4 季度的季频盈利能力数据如图 5.2.1 所示。使用 Matplotlib 库的 pyplot 子库从文件中读取数据，并绘制企业 2017 年第 4 季度的非流通股本与流通股本饼图，其中，非流通股本=总股本−流通股本

学知识技能

从文件中读取数据
进行可视化

　　财务人员将需要进行可视化的数据放到数据列表中，然后通过 pyplot 子库的函数进行数据可视化的方法简单又快捷。但对于抓取到的大量数据而言，数据录入的工作量非常大，直接读取文件中的数据进行可视化更方便。Python 中读取文件数据的函数、排序函数如表 5.2.1、表 5.2.2 所示。

表 5.2.1　　　　　　　　　　　　读取文件数据的函数

函数名称	描述
read_csv()	读取 CSV 文件，如 plt.read_csv("D:/data.csv")
read_Excel()	读取 Excel 文件，如 plt.read_Excel("D:/data.xls")

表 5.2.2　　　　　　pandas 中 DataFrame 数据的排序函数 sort_values()

函数名称	描述
sort_values(by,axis, ascending, inplace, **kwargs)	各参数的含义如下。 • by：指定列名（axis=0 或'index'）或索引值（axis=1 或'columns'） • axis：若 axis=0，则按照指定列中数据大小排序；若 axis=1，则按照指定索引中数据大小排序，默认 axis=0 • ascending：是否按指定列的数据升序排列，默认为 True，即升序排列 • inplace：是否用排序后的数据替换原来的数据，默认为 False，即不替换 • **kwargs：其他关键字

DataFrame 是 Python 中第三方库 pandas 中的一种数据结构，类似于 Excel 中的工作表，是一种二维表。DataFrame 的单元格可以存放数值、字符串等类型的数据。Python 在处理 Excel 数据时通常都会用到 DataFrame。

下面是以字典形式生成的 DataFrame 格式的数据：

```
import pandas as pd
datas = {
    'name': ['he', 'tang', 'zhou'],
    'chinese': [80, 70, 90],
    'math': [81, 74, 92],
    'big data': [82, 71,93]
}  # 以字典形式生成
df = pd.DataFrame(datas)
print(df)
```

运行结果如下：

```
   name  chinese  math  big data
0    he       80    81        82
1  tang       70    74        71
2  zhou       90    92        93
```

下面是以多维列表形式生成的 DataFrame 格式的数据：

```
import pandas as pd
datalist=[['he',80,81,82],
          ['tang',70,74, 71],
          ['zhou',90, 92, 93]]
df = pd.DataFrame(datalist,columns=['name','chinese','math','big data'])
# 以多维列表形式生成
print(df)
```

运行结果如下：

```
   name  chinese  math  big data
0    he       80    81        82
1  tang       70    74        71
2  zhou       90    92        93
```

如果想获取"大数据"（big data）这门课程的成绩，可以在上面代码的基础上添加如下代码：

```
df1=df['big data']
print(df1)
```

运行结果显示了 big data 列的数据：

```
0    82
1    71
2    93
Name: big data, dtype: int64
```

如果想获取 zhou 的所有成绩，可以在上面代码的基础上添加如下代码：

```
row1=df.loc[2]    # 2 表示 zhou 在 DataFrame 中的行索引为 2
print(row1)
```

运行结果如下：

```
name       zhou
chinese      90
```

```
math          92
big data      93
Name: 2, dtype: object
```

如果想获取 zhou 的大数据课程的成绩，可以在上面代码的基础上添加如下代码：

```
single=row1['big data']
print(single)
```

运行结果如下：

```
93
```

如果想对新建的 DataFrame 数据 df 的内容按数学（math）成绩升序排列，需要用到这个数据类型的 sort_values() 函数。可以在上面代码的基础上添加如下代码：

```
df2=df.sort_VALUES(by=['math'])
print(df2)
```

运行结果如下：

```
  name    chinese  math  big data
1 tang         70    74        71
0 he           80    81        82
2 zhou         90    92        93
```

【任务 5.2.1】已知证券代码为"sz.300102"的企业 2017—2021 年第 4 季度的季频盈利能力数据存放在 CSV 格式的文件中，具体内容如图 5.2.1 所示。使用 Matplotlib 库的 pyplot 子库从文件中读取数据，并绘制企业 2017—2021 年第 4 季度的销售毛利率折线图。

（1）导入本任务需要用到的两个第三方库，设置 plt 的两个属性，让生成的图形能够显示中文。

证券代码	公司发布财报的日期	财报统计季度的最后一天（平均）	净资产收益率	销售净利率	销售毛利率	净利润/元	每股收益/元	主营业务收入/元	总股本/元	流通股本/元
code	pubDate	statDate	roeAvg	npMargin	gpMargin	netProfit	epsTTM	MBRevenue	totalShare	liqaShare
sz.300102	2022/4/27	2021/12/31	0.075682	0.098942	0.255859	185925890.3	0.264124	1860332822	707390811	707117961
sz.300102	2021/4/26	2020/12/31	-0.099784	-0.188248	0.067163	-247682074.8	-0.348975	1304570549	707515811	707016061
sz.300102	2020/4/29	2019/12/31	-0.10207	-0.269434	0.076354	-280007241.3	-0.395697	1039240844	707515811	707500811
sz.300102	2019/4/23	2018/12/31	0.064288	0.174819	0.291726	1799870102	0.250118	1019663542	719603311	707500811
sz.300102	2018/3/1	2017/12/31	0.080795	0.186289	0.369046	210560322.5	0.293913	1130287914	716403311	682486938

图 5.2.1　证券代码为"sz.300102"的企业 2017—2021 年第 4 季度的季频盈利能力数据

（2）调用 figure() 函数，用 figsize=(8,6) 设置画布大小。

（3）设置横坐标轴数据和纵坐标轴数据。坐标轴的数据来自任务 4.2.2 下载的 2017—2021 年第 4 季度的季频盈利能力数据 CSV 文件，使用 df=pd.read_csv('d:/profit_300102_4.csv') 读取文件，并将数据放在 df 中；然后使用 df = df.sort_values(by=['statDate']) 将 df 中的数据按照 statDate 列进行升序排列；再通过 x = df['statDate'] 将从文件中读取的财报季度 statDate 列数据赋值给 x，通过 y = df['gpMargin'] 将从文件中读取的销售毛利率 gpMargin 列数据赋值给 y，然后调用 plt.plot(x, y) 对 x、y 值进行可视化展示。

（4）通过 plt.xlabel('时间') 设置横坐标轴标题，通过 plt.ylabel('销售毛利率%') 设置纵坐标轴标题，通过 plt.title('企业 2017—2021 年第 4 季度销售毛利率折线图(文件取数)') 设置折线图的标题，通过 plt.savefig('d:/文件读取销售毛利率折折线图 5.2.1.png') 将图像存放到 D 盘中。具体代码如下：

```
# 引入 Matplotlib 第三方库中的 pyplot 子库
import matplotlib.pyplot as plt
# 引入第三方库 pandas
```

```
import pandas as pd
# 设置中文字体，让图表可以显示中文
plt.rcParams['font.family'] = 'SimHei'
plt.rcParams['axes.unicode_minus'] = False
# 创建大小为 8×6 的画布
plt.figure(figsize=(8,6))
# 读取任务 4.2.2 下载的 2017—2021 年第 4 季度的季频盈利能力数据 CSV 文件
df = pd.read_csv('d:/profit_300102_4.csv')
# 打开 CSV 文件，查看文件的列名，将季频盈利能力数据按 statDate 列升序排列
df = df.sort_values(by=['statDate'])
x = df["statDate"]
# 销售毛利率
y = df['gpMargin']
# 以折线图展示
plt.plot(x, y)
# 设置坐标轴标题
plt.xlabel('时间')
plt.ylabel('销售毛利率')
# 设置图像标题
plt.title('企业 2017—2021 年第 4 季度销售毛利率折线图（文件取数）')
# 为图像命名并保存图像
plt.savefig('d:/ 文件取数销售毛利率折线图 5.2.1.png')
```

生成的折线图如图 5.2.2 所示。

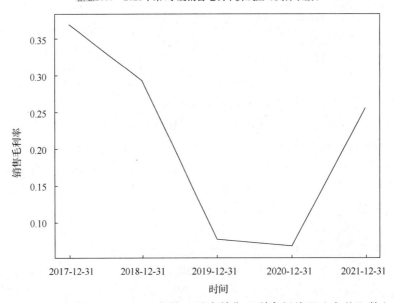

图 5.2.2　企业 2017—2021 年第 4 季度销售毛利率折线图（文件取数）

【任务 5.2.2】已知证券代码为"sz.300102"的企业 2017—2021 年第 4 季度的季频盈利能力数据如图 5.2.1 所示。使用 Matplotlib 库的 pyplot 子库从文件中读取数据，并绘制企业

2017—2021 年第 4 季度净利润的柱形图。

（1）导入本任务需要用到的两个第三方库，设置 plt 的两个属性，让生成的图形能够显示中文。

（2）调用 figure()函数，用 figsize=(8,6)设置画布大小。

（3）设置横坐标轴数据和纵坐标轴数据。坐标轴的数据来自任务 4.2.2 下载的 2017—2021 年第 4 季度的季频盈利能力数据 CSV 文件，使用 df=pd.read_csv('d:/profit_300102_4.csv')读取文件，将数据放在 df 中；然后使用 df = df.sort_values(by=['statDate'])将 df 中的数据按照 statDate 列进行升序排列；再通过 x = df['statDate']将从文件中读取的财报季度 statDate 列数据赋值给 x，通过 y=df['netProfit']将从文件中读取的净利润 netProfit 列数据赋值给 y，然后调用 plt.bar(x, y)对 x、y 值进行可视化。

（4）通过 plt.xlabel('时间')设置横坐标轴标题，通过 plt.ylabel('净利润/亿元')设置纵坐标轴标题，通过 plt.title('企业 2017—2021 年第 4 季度净利润柱形图（文件取数)')设置图表的标题，通过 plt.savefig('d:/文件取数净利润柱形图 5.2.3.png')将图像存放到 D 盘中。具体代码如下：

```
# 引入 Matplotlib 第三方库中的 pyplot 子库
import matplotlib.pyplot as plt
# 引入第三方库 pandas
import pandas as pd
# 设置中文字体，让图表可以显示中文
plt.rcParams['font.family'] = 'SimHei'
plt.rcParams['axes.unicode_minus'] = False
# 创建大小为 8×6 的画布
plt.figure(figsize=(8,6))
# 读取任务 4.2.2 下载的 2017—2021 年第 4 季度的季频盈利能力数据 CSV 文件
df = pd.read_csv('d:/profit_300102_4.csv')
# 打开 CSV 文件，查看文件的列名，将季频盈利能力数据按 statDate 列升序排列
df = df.sort_values(by=['statDate'])
x = df['statDate']
# 净利润
y = df['netProfit']
# 以折线图展示
plt.bar(x, y)
# 设置坐标轴标题
plt.xlabel('时间')
plt.ylabel('净利润/亿元')
# 设置图像标题
plt.title('企业 2017—2021 年第 4 季度净利润柱形图（文件取数）')
# 为图像命名并保存图像
plt.savefig('d:/文件取数净利润柱形图 5.2.3.png')
```

生成的柱形图如图 5.2.3 所示。

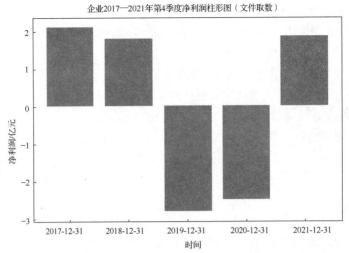

图 5.2.3　企业 2017—2021 年第 4 季度净利润柱形图（文件取数）

【任务 5.2.3】已知证券代码为"sz.300102"的企业 2017 年第 4 季度的季频盈利能力数据如图 5.2.1 所示。使用 Matplotlib 库的 pyplot 子库从文件中读取数据，并绘制企业 2017 年第 4 季度的非流通股本与流通股本饼图，其中，非流通股本=总股本–流通股本。

（1）导入本任务需要用到的两个第三方库，设置 plt 的两个属性，让生成的图形能够显示中文。

（2）调用 figure()函数，用 figsize=(8,6)设置画布大小。

（3）设置饼图的数据列表。使用 df=pd.read_csv('d:/profit_300102_4.csv')读取文件，将数据放在 df 中，通过 print(df)在屏幕上输出 df，可以看到输出的 df 的行索引从 0 开始，如图 5.2.4 所示，其中 2017 年 12 月 31 日的总股本和流通股本的行索引为 4；通过 rowData = df.loc[4] 将 2017 年 12 月 31 日的整行数据赋值给 rowData；接着通过 totalShare = rowData['totalShare'] 语句精确截取 2017 年 12 月 31 日对应的总股本 totalShare 列数据，从而获得 2017 年 12 月 31 日的总股本数据，并将其赋值给 totalShare 变量；通过 liqaShare = rowData['liqaShare']语句，将 2017 年 12 月 31 日的流通股本 liqaShare 列数据赋值给 liqaShare 变量；根据公式"非流通股本=总股本–流通股本"，设置 nonShare = totalShare – liqaShare 得到非流通股本数据，设置 x=[liqaShare,nonShare]作为饼图的数据列表，设置 lab = ['流通股本','非流通股本']作为饼图数据列表对应的标签。

（4）通过 plt.pie(x,labels=lab)绘制饼图。

（5）设置图像的标题，并通过 plt.savefig()函数将图像存放到 D 盘中。

具体代码如下：

```
# 引入 Matplotlib 第三方库中的 pyplot 子库
import matplotlib.pyplot as plt
# 引入第三方库 pandas
import pandas as pd
# 设置中文字体，让图表可以显示中文
plt.rcParams['font.family'] = 'SimHei'
plt.rcParams['axes.unicode_minus'] = False
```

```
# 创建大小为 8×6 的画布
plt.figure(figsize=(8,6))
# 读取任务 4.2.2 下载的企业 2017—2021 年第 4 季度季频盈利能力数据 CSV 文件
df = pd.read_csv('d:/profit_300102_4.csv')
print(df)
# 取得 2017 年第 4 季度季频盈利能力数据的第 5 行
rowData = df.loc[4]
# 总股本
totalShare = rowData['totalShare']
# 流通股本
liqaShare = rowData['liqaShare']
# 非流通股本 = 总股本-流通股本
nonShare = totalShare - liqaShare
lab = ['流通股本','非流通股本']
x=[liqaShare,nonShare]
# 以饼图展示
plt.pie(x,labels=lab)
# 设置图像标题
plt.title('企业 2017 年第 4 季度非流通股本与流通股本饼图（文件取数）')
# 为图像命名并保存图像
plt.savefig('d:/文件取数非流通股本与流通股本饼图 5.2.3.png')
```

生成的饼图如图 5.2.4 所示。

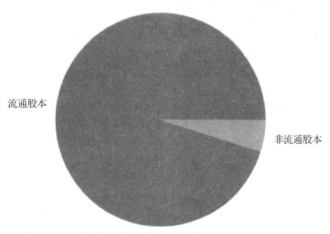

图 5.2.4　企业 2017 年第 4 季度非流通股本与流通股本饼图（文件取数）

固知识技能

填空题

1. 证券代码为"sh.600682"的企业 2016—2021 年第 1 季度的季频偿债能力数据的存储路径为"d:/balance_data.csv"，具体数据如图 5.2.5 所示。使用 Matplotlib 库的 pyplot 子库从文件中读取数据，并绘制 2016—2021 年第 1 季度的资产负债率折线图（见图 5.2.6）。请将关键代码写在画线处。

证券代码	公司发布财报的日期	财报统计季度的最后一天	流动比率	速动比率	现金比率	总负债同比增长率	资产负债率	权益乘数
code	pubDate	statDate	currentRatio	quickRatio	cashRatio	YOYLiability	liabilityToAsset	assetToEquity
sh.600682	2016/4/29	2016/3/31	0.745739	0.362451	0.288294	0.221573	0.88031	8.354895
sh.600682	2017/4/28	2017/3/31	0.719579	0.425545	0.312681	0.164396	0.712194	3.474561
sh.600682	2018/4/28	2018/3/31	0.7709	0.535261	0.380533	0.013291	0.668162	3.013518
sh.600682	2019/4/26	2019/3/31	1.104361	0.944881	0.444828	-0.521518	0.359603	1.561532
sh.600682	2020/4/29	2020/3/31	1.434514	1.341948	0.729088	-0.139682	0.291408	1.411249
sh.600682	2021/4/30	2021/3/31	1.528833	1.458765	1.069913	0.098073	0.302875	1.434463

图 5.2.5　证券代码为"sh.600682"的企业 2016—2021 年第 1 季度的季频偿债能力数据

```
import matplotlib.pyplot as plt   # 引入 Matplotlib 第三方库中的 pyplot 子库
import pandas as pd         # 引入第三方库 pandas
# 设置中文字体，让图表可以显示中文
plt.rcParams['font.family'] = 'SimHei'
plt.rcParams['axes.unicode_minus'] = False
plt.figure(figsize=(8,6))  # 创建大小为 8×6 的画布
df = pd.read_csv('_____')   # 读取磁盘中的季频偿债能力数据 CSV 文件
# 查看文件的列名，将季频偿债能力数据按 statDate 列升序排列
df = df.sort_values(by=['_____'])
x = df["_____"]          # 将统计日期 statDate 列数据赋值给 x
y = df['_____']      # 将资产负债率 liabilityToAsset 列数据赋值给 y
_____(x, y)    # 以折线图展示
_____('时间')         # 设置横坐标轴标题
_____('资产负债率')    # 设置纵坐标轴标题
# 设置图像标题
_____('企业 2016—2021 年第 1 季度资产负债率折线图(文件取数)')
# 为图像命名并保存图像
_____('d:/ 文件取数资产负债率折线图 5.2.4.png')
```

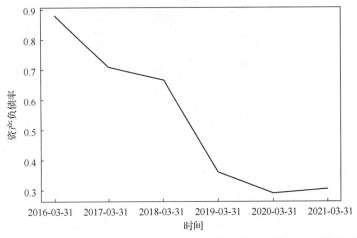

图 5.2.6　企业 2016—2021 年第 1 季度资产负债率折线图（文件取数）

2. 证券代码为"sh.600682"的企业 2016—2021 年第 1 季度的季频营运能力数据的存储路径为"d:/operation_data.csv",具体数据如图 5.2.7 所示。使用 Matplotlib 库的 pyplot 子库从文件中读取数据,并绘制 2016—2021 年第 1 季度应收账款周转天数的柱形图(见图 5.2.8)。请将关键代码写在画线处。

证券代码	公司发布财报的日期	财报统计季度的最后一天	应收账款周转率/次	应收账款周转天数	存货周转率/次	存货周转天数	流动资产周转率/次	总资产周转率/次
code	pubDate	statDate	NRTurnRatio	NRTurnDays	INVTurnRatio	INVTurnDays	CATurnRatio	AssetTurnRatio
sh.600682	2016/4/29	2016/3/31	35.945176	2.503813	0.651126	138.22202	0.435203	0.188672
sh.600682	2017/4/28	2017/3/31	8.506042	10.580715	0.619757	145.218216	0.393675	0.15765
sh.600682	2018/4/28	2018/3/31	3.949757	22.786214	0.847722	106.166876	0.410486	0.147294
sh.600682	2019/4/26	2019/3/31	1.549717	58.075135	0.83856	107.326884	0.251149	0.092343
sh.600682	2020/4/29	2020/3/31	1.088206	82.704916	1.06138	84.795261	0.162415	0.061632
sh.600682	2021/4/30	2021/3/31	1.31992	68.185926	1.31878	68.244916	0.148286	0.059779

图 5.2.7 证券代码为"sh.600682"的企业 2016—2021 年第 1 季度的季频营运能力数据

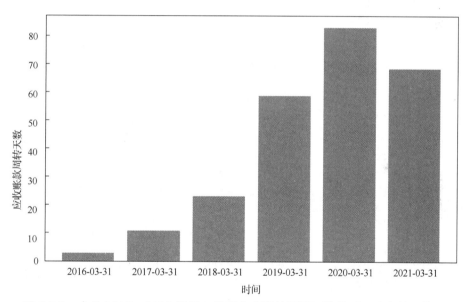

2016—2021年第1季度应收账款周转天数
柱形图(文件取数)

图 5.2.8 企业 2016—2021 年第 1 季度应收账款周转天数柱形图(文件取数)

```
import matplotlib.pyplot as plt    # 引入 Matplotlib 第三方库中的 pyplot 子库
import pandas as pd          # 引入第三方库 pandas
# 设置中文字体,让图表可以显示中文
plt.rcParams['font.family'] = 'SimHei'
plt.rcParams['axes.unicode_minus'] = False
plt.figure(_____)          # 创建大小为 8 * 6 的画布
# 读取下载的企业 2016—2021 年第 1 季度季频营运能力数据 CSV 文件
df = pd.read_csv('_____')       # 读取磁盘中的季频营运能力数据 CSV 文件
# 查看文件的列名,将季频营运能力数据按 Stat Date 列升序排列
df = df.sort_values(by=['statDate'])
```

```
x = df['_____']        # 将统计日期 statDate 列数据赋值给 x
y = df['_____']         # 将应收账款周转天数 NRTurnDays 列数据赋值给 y
_____(x, y)          # 以柱形图展示
# 设置坐标轴标题
plt.xlabel('_____')
plt.ylabel('_____')
# 设置图像标题
plt.title('2016—2021 年第 1 季度应收账款周转天数柱形图（文件取数）')
# 为图像命名并保存图像
plt.savefig('d:/文件取应收账款周转天数柱形图.png')
```

3. 证券代码为"sh.600682"的企业 2021 年第 1 季度的季频盈利能力数据如图 5.2.9 所示。使用 Matplotlib 库的 pyplot 子库从文件中读取数据，并绘制企业 2021 年第 1 季度的非流通股本与流通股本饼图（见图 5.2.10），其中，非流通股本=总股本–流通股本。请将关键代码写在画线处。

证券代码	公司发布财报的日期	财报统计季度的最后一天	净资产收益率（平均）	销售净利率	销售毛利率	净利润/元	每股收益/元	主营业务收入/元	总股本/元	流通股本/元
code	pubDate	statDate	roeAvg	npMargin	gpMargin	netProfit	epsTTM	MBRevenue	totalShare	liqaShare
sh.600682	2021/4/30	2021/3/31	0.01695	0.210833	0.573005	311328520.8	0.602869		1346132221	1165030275

图 5.2.9 证券代码为"sh.600682"的企业 2021 年第 1 季度的季频盈利能力数据

```
import matplotlib.pyplot as plt      # 引入 Matplotlib 第三方库中的 pyplot 子库
import pandas as pd          # 引入第三方库 pandas
# 设置中文字体，让图表可以显示中文
plt.rcParams['font.family'] = 'SimHei'
plt.rcParams['axes.unicode_minus'] = False
plt.figure(figsize=(8,6))        # 创建大小为 8×6 的画布
# 读取下载的 2021 年第 1 季度季频盈利能力数据 CSV 文件
df = _____('d:/profit_data.csv')
print(df)
# 总股本
totalShare = df.loc[_____,'_____']  # 读取第 0 行、totalShare 列的总股本
liqaShare = df.loc[_____,'_____']    # 读取第 0 行、liqaShare 列的流通股本
# 非流通股本 = 总股本-流通股本
nonShare = _____-_____
lab = ['_____','_____']          # 设置总股本、非流通股本标签值列表
x=[_____,_____]              # 设置总股本、非流通股本数据值列表
_____(x,labels=lab)                 # 调用绘制饼图的函数
# 设置图像标题
plt.title('企业 2021 年第 1 季度非流通股本与流通股本饼图（文件取数）')
# 将图像命名并保存图像
plt.savefig('d:/文件取数非流通股本与流通股本饼图 5.2.6.png')
```

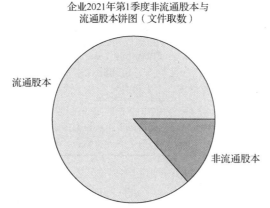

企业2021年第1季度非流通股本与
流通股本饼图（文件取数）

流通股本

非流通股本

图 5.2.10　企业 2021 年第 1 季度非流通股本与流通股本饼图（文件取数）

任务三　从数据库中读取数据进行可视化

动画 5.3

 学习目标

【知识目标】掌握 Python 中第三方库 pymysql 的用法。

【技能目标】能在适当的业务场景中使用第三方库 pymysql 连接数据库，并能读取数据进行可视化展示。

【素质目标】善于获取数据、分析数据、运用数据，苦练基本功，服务国家数字经济健康发展。

德技兼修

小强：除了从列表和文件中读取数据进行可视化外，我们还可以从数据库中读取数据进行可视化。要想正确读取数据并展示数据，必须具备扎实的基本功。

大富学长：是啊，基本功不扎实就难以对数据进行可视化展示。一个人要向外界展示自己，那么他一定要努力学习知识，丰富自己的阅历。梁启超的《少年中国说》中说到："少年智则国智，少年富则国富，少年强则国强，少年独立则国独立，少年自由则国自由，少年进步则国进步，少年胜于欧洲则国胜于欧洲，少年雄于地球则国雄于地球。"我们要保持应有的闯劲、锐气和担当，踔厉奋发、笃行不怠，在实现中华民族伟大复兴的征途上唱响青春赞歌。

来自企业的技能任务

序号	岗位技能要求	对应企业任务
1	从数据库中读取数据，绘制折线图对数据进行可视化展示	【任务 5.3.1】lhtz 数据库的 income2021 表中存放着 2021 年第 4 季度所有企业的净利润。使用 Matplotlib 库的 pyplot 子库从数据库中读取数据，并绘制 2021 年第 4 季度各个上市企业净利润的折线图

续表

序号	岗位技能要求	对应企业任务
2	从数据库中读取数据，绘制柱形图对数据进行可视化展示	【任务 5.3.2】lhtz 数据库的 avg_owner2021 表中存放着 2021 年第 4 季度所有企业的平均净资产。使用 Matplotlib 库的 pyplot 子库从数据库中读取数据，并绘制 2021 年第 4 季度各个上市企业平均净资产的柱形图
3	从数据库中读取数据，绘制饼图对数据进行可视化展示	【任务 5.3.3】lhtz 数据库的 balancesheet 表中存放着所有企业的资产负债表数据。使用 Matplotlib 库的 pyplot 子库从数据库中读取数据，并绘制 2021 年 12 月 31 日证券代码为 "300046" 的企业的负债合计和所有者权益合计的饼图

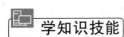 学知识技能

从数据库中读取数据进行可视化

　　企业的许多数据都存放在数据库中，对于千万级别的大表、大数据，如果使用 Excel 进行读取，速度会比较慢，而使用数据库则可以实现快速查找和分析。Python 的第三方库 pymysql 中读取数据库中数据的函数 connect() 如表 5.3.1 所示。

表 5.3.1　　　　　　第三方库 pymyql 中的数据库连接函数 connect()

函数名称	描述
connect(server, user, password, database, **kwargs)	一个构造器，用于创建到数据库的连接，返回一个 Connection 对象。各参数的含义如下。 • server：数据库主机名 • user：用于连接的数据库用户名 • password：用户的密码 • database：连接的数据库。默认情况下，SQL 服务器会选择用户对应的默认数据库 • **kwargs：其他关键字

　　【任务 5.3.1】lhtz 数据库的 income2021 表中存放着 2021 年第 4 季度所有企业的净利润。使用 Matplotlib 库的 pyplot 子库从数据库中读取数据，并绘制 2021 年第 4 季度各个上市企业净利润的折线图。income2021 表数据如图 5.3.1 所示。

ts_code	end_date	net_income
▶ 300046	2021-12-31	378.75
300077	2021-12-31	231.75
300102	2021-12-31	306.75
300123	2021-12-31	294.00
300223	2021-12-31	426.75
600000	2021-12-31	1139.60

图 5.3.1　2021 年各个上市企业的净利润

　　（1）导入任务需要用到的 3 个第三方库 pyplot、pandas、pymysql，设置 plt 的两个属性，让生成的图形能够显示中文。

　　（2）调用 pymysql.connect() 函数，与数据库服务器创建连接。这个方法会返回一个 Connection 对象。

```
db = pymysql.connect(host='localhost',
                      user='root',
                      password='服务器密码',
                      database='lhtz')
```

（3）连接建立成功后，通过 Cursor 对象与数据库进行交互。

```
cursor = db.cursor()
```

（4）设置数据库需要执行的查询语句，通过 execute()函数执行查询语句。

```
sql = "SELECT ts_code,end_date,net_income FROM income2021;"
cursor.execute(sql)
```

（5）通过 Cursor 对象的 fetchall()方法来获取查询的数据集。

```
results = cursor.fetchall()
```

（6）输出 results 的数据结果。

```
for row in results:
    print(row)
```

输出结果如下：

```
('300046', datetime.date(2021, 12, 31), Decimal('378.75'))
('300077', datetime.date(2021, 12, 31), Decimal('231.75'))
('300102', datetime.date(2021, 12, 31), Decimal('306.75'))
('300123', datetime.date(2021, 12, 31), Decimal('294.00'))
('300223', datetime.date(2021, 12, 31), Decimal('426.75'))
('600000', datetime.date(2021, 12, 31), Decimal('1139.60'))
```

要查看数据集的第 0 列数据，参考代码为：

```
for row in results:
    print(row[0])
```

该代码会把 income2021 表第 0 列的数据显示出来，执行结果如下。如果需要显示第 2 列的净利润数据，则可以将 0 用 2 替换。

```
300046
300077
300102
300123
300223
600000
```

把第 0 列的数据都放到一个名为 x 的列表中，可以使用如下代码：

```
for row in results:
    a= row [0]
    x.append(a)
```

运行代码过程中，可以用 try except 语句来捕获并处理异常，参考代码为：

```
try:
expression       #容易出错的代码
except pymysql.Error as e:
    print("错误：获取数据错误")
```

（7）调用 close()函数关闭连接并释放资源。

```
db.close()
```

（8）通过 plt.plot(x, y ,color='blue')使用从数据库中获得的 x、y 列表数据绘制折线图。

相关代码如下：

```
import matplotlib.pyplot as plt              # 导入数据包
```

```
import pandas as pd                        # 引入 pandas
import pymysql                             # 引入 pymysql
plt.rcParams['font.family'] = 'SimHei'  # 设置中文字体
plt.rcParams['axes.unicode_minus'] = False
# 打开数据库连接
db = pymysql.connect(host='localhost',
                user='root',
                password='服务器密码',
                database='lhtz')
cursor = db.cursor()                       # 使用 cursor()方法获取操作游标
sql = "SELECT ts_code,end_date,net_income FROM income2021;"  # SQL 查询语句
x =[]                                      # 证券代码列表
y =[]                                      # 净利润列表
try:  # 抓取异常
    cursor.execute(sql)                    # 执行 SQL 语句
    results = cursor.fetchall()            # 获取所有记录的列表
    for row in results:
        ts_code= row [0]                   # results 的查询结果中，第 0 列数据是证券代码
        x.append(ts_code)                  # 将 ts_code 添加到 x 列表中
        net_income = row[2]                # results 的查询结果中，第 2 列数据是净利润
        y.append(net_income)               # 将 net_income 添加到 y 列表中
except pymysql.Error as e:
    print("错误：获取数据错误")
db.close()                                 # 关闭数据库连接
plt.figure(figsize=(8,6))                  # 创建大小为 8×6 的画布
plt.plot(x, y ,color='blue')               # 以折线图展示
plt.xlabel('证券代码')                      # 设置坐标轴标题
plt.ylabel('净利润/百万元')
plt.title('各企业 2021 年第 4 季度净利润折线图')         # 设置图像标题
plt.savefig("d:/数据库取数折线图 5.3.1.png")           # 为图像命名并保存图像
```

生成的折线图如图 5.3.2 所示。

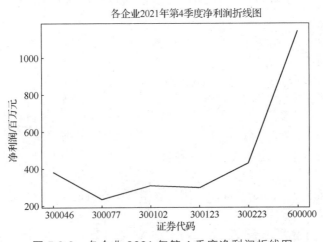

图 5.3.2　各企业 2021 年第 4 季度净利润折线图

【任务 5.3.2】lhtz 数据库的 avg_owners2021 表中存放着 2021 年第 4 季度所有企业的平均净资产。使用 Matplotlib 库的 pyplot 子库从数据库中读取数据，并绘制 2021 年第 4 季度各个上市企业平均净资产的柱形图。avg_owners2021 表数据如图 5.3.3 所示。

ts_code	end_date	pv_owners_equity	fv_owners_equity	avg_owners_equity
▶ 300046	2021-12-31	2561.00	2846.00	2703.500000
300077	2021-12-31	2572.00	2862.00	2717.000000
300102	2021-12-31	2565.00	2857.00	2711.000000
300123	2021-12-31	2668.00	2004.00	2336.000000
300223	2021-12-31	2661.00	2955.00	2808.000000

图 5.3.3 2021 年各个上市企业的平均净资产

（1）导入任务需要用到的 3 个第三方库 pyplot、pandas、pymysql，设置 plt 的两个属性，让生成的图形能够显示中文。

（2）调用 pymysql.connect()函数，与数据库服务器创建连接。这个方法会返回一个 Connection 对象。

```
db = pymysql.connect(host='localhost',
                     user='root',
                     password='服务器密码',
                     database='lhtz')
```

（3）连接建立成功后，通过 Cursor 对象与数据库进行交互。

```
cursor = db.cursor()
```

（4）通过 execute()函数执行查询语句。

```
sql = "SELECT ts_code,avg_owners_equity FROM avg_owners2021;"
cursor.execute(sql)
```

（5）通过 Cursor 对象的 fetchall()方法获取查询的数据集。

```
results = cursor.fetchall()
```

（6）对从数据库中获取的查询数据集进行处理，得到 x 轴的列表数据和 y 轴的列表数据，通过 try except 语句抓取并处理异常。

```
try:
    cursor.execute(sql)                    # 执行 SQL 语句
    results = cursor.fetchall()            # 获取所有记录的列表
    for row in results:
        ts_code= row [0]                   # 证券代码是查询结果的第 0 列数据
        x.append(ts_code)
        avg_owners_equity = row[1]         # 平均净资产是查询结果的第 1 列数据
        y.append(avg_owners_equity)
except pymysql.Error as e:
    print("错误: 获取数据错误")
```

（7）调用 close()函数关闭连接并释放资源。

```
db.close()
```

（8）通过 plt.bar(x, y ,color='purple')对从数据库中获得的 x、y 列表数据绘制柱形图。

相关代码如下：

```
import matplotlib.pyplot as plt           # 导入数据包
import pandas as pd                        # 引入 pandas
```

```
import pymysql                                    # 引入 pymysql
plt.rcParams['font.family'] = 'SimHei'           # 设置中文字体
plt.rcParams['axes.unicode_minus'] = False
# 打开数据库连接
db = pymysql.connect(host='localhost',
                user='root',
                password='服务器密码',
                database='lhtz')
cursor = db.cursor()                              # 使用 cursor()方法获取操作游标
sql = "SELECT ts_code,avg_owners_equity FROM avg_owners2021;"  # SQL 查询语句
x =[]                                             # 证券代码列表
y =[]                                             # 平均净资产列表
try:
    cursor.execute(sql)                           # 执行 SQL 语句
    results = cursor.fetchall()                   # 获取所有记录的列表
    for row in results:
        ts_code= row [0]                          # 证券代码是查询结果的第 0 列数据
        x.append(ts_code)
        avg_owners_equity = row[1]                # 平均净资产是查询结果的第 1 列数据
        y.append(avg_owners_equity)
except pymysql.Error as e:
    print("错误：获取数据错误")
db.close()                                        # 关闭数据库连接
plt.figure(figsize=(8,6))                         # 创建大小为 8×6 的画布
plt.bar(x, y ,color='purple')                     # 以柱形图展示
plt.xlabel('证券代码')                            # 设置坐标轴标题
plt.ylabel('平均净资产/万元')
plt.title('2021 年各上市企业的平均净资产柱形图')   # 设置图像标题
plt.savefig("d:/数据库取数柱形图 5.3.2.png")      # 为图像命名并保存图像
```

生成的柱形图如图 5.3.4 所示。

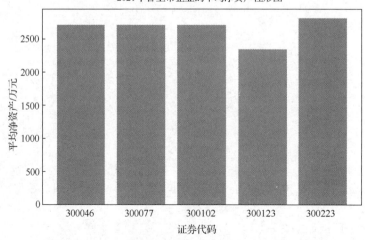

图 5.3.4　2021 年各上市企业的平均净资产柱形图

【**任务 5.3.3**】lhtz 数据库的 balancesheet 表中存放着所有企业的资产负债表数据。使用 Matplotlib 库的 pyplot 子库从数据库中读取数据，并绘制 2021 年 12 月 31 日证券代码为"300046"的企业的负债合计和所有者权益合计饼图。balancesheet 表数据如图 5.3.5 所示。

（1）导入任务需要用到的 3 个第三方库 pyplot、pandas、pymysql，设置 plt 的两个属性，让生成的图形能够显示中文。

（2）调用 pymysql.connect() 函数，与数据库服务器创建连接。这个方法会返回一个 Connection 对象。

```
db = pymysql.connect(host='localhost',
                     user='root',
                     password='服务器密码',
                     database='lhtz')
```

ts_code	end_date	cash_all	receivable	advances_r	inventol	tol_cur_ass	long_equity	fixed_asse	intangible_e	non_cur_as	assets	short_debt	accounts_pe	payroll	interest	cur_liabiliti	non_cur_lia	liabilities	owners_equit	industry
300046	2019-12-31	474.00	809.00	141.00	540.00	1964.00	979.00	1248.00	10.00	2237.00	4201.00	111.00	521.00	840.00	409.00	1881.00	20.00	1901.00	2300.00	半导体
300046	2020-12-31	535.00	820.00	130.00	641.00	2126.00	1048.00	1347.00	6.00	2401.00	4527.00	142.00	422.00	941.00	450.00	1955.00	11.00	1966.00	2561.00	半导体
300046	2021-12-31	566.00	921.00	153.00	742.00	2382.00	1148.00	1449.00	8.00	2605.00	4987.00	163.00	523.00	992.00	461.00	2139.00	2.00	2141.00	2846.00	半导体
300077	2019-12-31	523.00	860.00	194.00	595.00	2172.00	1038.00	1309.00	73.00	2420.00	4592.00	180.00	592.00	913.00	484.00	2169.00	99.00	2268.00	2324.00	半导体
300077	2020-12-31	582.00	869.00	181.00	694.00	2326.00	1105.00	1406.00	58.00	2564.00	4895.00	209.00	491.00	1012.00	523.00	2235.00	88.00	2323.00	2572.00	半导体
300077	2021-12-31	611.00	968.00	202.00	793.00	2574.00	1203.00	1506.00	67.00	2776.00	5350.00	228.00	590.00	1061.00	532.00	2411.00	77.00	2488.00	2862.00	半导体
300102	2019-12-31	500.00	836.00	169.00	569.00	2074.00	1010.00	1280.00	43.00	2333.00	4407.00	147.00	558.00	878.00	448.00	2031.00	61.00	2092.00	2315.00	半导体
300102	2020-12-31	560.00	846.00	157.00	669.00	2232.00	1078.00	1378.00	24.00	2485.00	4717.00	177.00	458.00	978.00	488.00	2101.00	51.00	2152.00	2565.00	半导体
300102	2021-12-31	590.00	946.00	179.00	769.00	2484.00	1177.00	1479.00	39.00	2695.00	5179.00	197.00	558.00	1028.00	498.00	2281.00	41.00	2322.00	2857.00	半导体
300123	2019-12-31	500.00	1000.00	200.00	800.00	2500.00	1300.00	1500.00	50.00	2850.00	5350.00	200.00	600.00	1050.00	500.00	2350.00	40.00	2390.00	2960.00	半导体
300123	2020-12-31	470.00	900.00	178.00	700.00	2248.00	1200.00	1400.00	40.00	2640.00	4888.00	180.00	500.00	1000.00	490.00	2170.00	50.00	2220.00	2668.00	半导体
300123	2021-12-31	0.00	890.00	190.00	600.00	1680.00	1130.00	1300.00	54.00	2484.00	4164.00	150.00	600.00	900.00	450.00	2100.00	60.00	2160.00	2004.00	半导体
300223	2019-12-31	387.00	866.00	165.00	574.00	1992.00	1102.00	1271.00	24.00	2397.00	4389.00	117.00	566.00	865.00	414.00	1962.00	22.00	1984.00	2405.00	半导体
300223	2020-12-31	448.00	877.00	154.00	675.00	2154.00	1173.00	1372.00	11.00	2565.00	4710.00	148.00	467.00	966.00	455.00	2036.00	13.00	2049.00	2661.00	半导体
300223	2021-12-31	479.00	978.00	177.00	776.00	2410.00	1274.00	1473.00	22.00	2769.00	5179.00	169.00	568.00	1017.00	466.00	2220.00	4.00	2224.00	2955.00	半导体
300683	2020-12-31	2250.00	4430.80	709.80	1803.73	9194.33	5221.70	7897.60	308.31	13427.61	22621.94	319.50	1210.86	2783.26	2034.96	6348.58	252.97	6601.55	16020.39	生物制药
300841	2020-12-31	2520.00	4483.80	659.40	2120.73	9783.93	5573.26	8502.26	207.93	14283.45	24067.38	383.40	993.86	3100.26	2076.66	6554.18	370.20	6924.38	17143.00	生物制药
600000	2021-12-31	2749.50	5130.40	848.40	2513.81	11242.11	6219.51	9292.02	480.39	15991.92	27234.03	419.61	1280.30	3363.37	1868.16	6931.44	314.67	7246.11	19987.92	银行
600006	2020-12-31	2619.00	4605.70	760.20	2199.98	10184.88	5712.85	8675.02	415.86	14803.73	24988.61	377.01	1065.47	3206.04	2218.44	6868.96	376.37	7245.33	17743.28	机场
600007	2019-12-31	2353.50	4558.00	814.80	1886.15	9612.45	5366.46	8076.53	523.41	13966.40	23578.85	313.11	1284.64	2894.21	2180.91	6672.87	475.09	7147.96	16430.89	汽车整车
600161	2020-12-31	2655.00	5013.80	751.80	2437.73	10858.33	6085.09	9125.43	279.63	15490.15	26348.48	426.00	1210.86	3258.76	1876.50	6772.12	308.50	7080.62	19267.86	生物制药

图 5.3.5　2021 年各上市企业的资产负债表数据

（3）连接建立成功后，通过 Cursor 对象与数据库进行交互。

```
cursor = db.cursor()
```

（4）设置数据库需要执行的查询语句，以便后续通过 execute() 函数执行查询语句。

```
sql = "SELECT liabilities,owners_equity FROM balancesheet WHERE end_date ='2021-12-31' AND ts_code='300046';"
```

（5）通过 Cursor 对象的 fetchall() 方法获取查询的数据集。

```
results = cursor.fetchall()
```

（6）对从数据库中获取的查询数据集进行处理，得到饼图数据并存放到列表 y 中，通过 try except 语句抓取并处理异常。

```
try:
    cursor.execute(sql)             # 执行 SQL 语句
    results = cursor.fetchall()     # 获取所有记录的列表
    for row in results:
        liabilities = row[0]        # 负债合计
        y.append(liabilities)
        owners_equity = row[1]      # 所有者权益合计
```

```
      y.append(owners_equity)
except pymysql.Error as e:
   print("错误：获取数据错误")
```

（7）调用 close()函数关闭数据库连接并释放资源。

```
db.close()
```

（8）通过 plt.pie(y,labels=label1,autopct='%.2f%%')对从数据库获得的 y 列表数据绘制饼图。

相关代码如下：

```
import matplotlib.pyplot as plt          # 导入数据包
import pandas as pd                        # 引入 pandas
import pymysql                             # 引入 pymysql
FROM DECIMAL import Decimal, getcontext
plt.rcParams['font.family'] = 'SimHei'    # 设置中文字体
plt.rcParams['axes.unicode_minus'] = False
# 打开数据库连接
db = pymysql.connect(host='localhost',
                user='root',
                password='服务器密码',
                database='lhtz')
cursor = db.cursor()                       # 使用 cursor()方法获取操作游标
# SQL 查询语句
sql = "SELECT liabilities,owners_equity FROM balancesheet WHERE end_date
='2021-12-31' AND ts_code='300046';"
label1 =['负债合计','所有者权益合计']
y = []                                     # 负债合计、所有者权益合计数据列表
try:
   cursor.execute(sql)                     # 执行 SQL 语句
   results = cursor.fetchall()             # 获取所有记录的列表
   for row in results:
       liabilities = row[0]                # 负债合计数据
       y.append(liabilities)
       owners_equity = row[1]              # 所有者权益合计数据
       y.append(owners_equity)
except pymysql.Error as e:
   print("错误：获取数据错误")
db.close()                                 # 关闭数据库连接
plt.figure(figsize=(8,6))                  # 创建大小为 8×6 的画布
plt.pie(y,labels=label1,autopct='%.2f%%')  # 以饼图展示
plt.title('企业 2021年第 4 季度负债及所有者权益饼图')
plt.savefig("d:/数据库取数饼图 5.3.3.png")      # 为图像命名并保存图像
```

生成的饼图如图 5.3.6 所示。

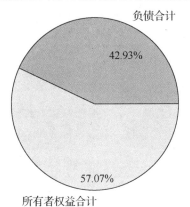

图 5.3.6 企业 2021 年第 4 季度负债合计及所有者权益合计饼图

固知识技能

填空题

1. 使用 Matplotlib 库的 pyplot 子库从 lhtz 数据库的 income 表中读取数据，并绘制证券代码为"300123"的企业近三年的营业收入散点图（见图 5.3.7）。请将关键代码写在画线处。

```
import matplotlib.pyplot as plt          # 导入数据包
import pandas as pd                       # 引入 pandas
import _____                       # 引入 pymysql
plt.rcParams['font.family'] = 'SimHei'    # 设置中文字体
plt.rcParams['axes.unicode_minus'] = False
db = _____(host='localhost',       # 打开数据库连接
                  user='root',
                  password='123456',
                  database='lhtz')
cursor = _____()                   # 使用 cursor()方法获取操作游标
# 使用 SQL 语句查询满足条件的 ts_code、end_date、oper_income 数据
sql = "_____"
x =[]                                     # 日期列表
y = []                                    # 营业收入列表
try:                                      # 设置异常抓取模块
    _____(sql)                     # 执行 SQL 语句
    results = cursor.fetchall()           # 获取所有记录的列表
    for row in results:
        ts_code= row[1]                   # results 的查询结果中，第 1 列数据是年份
        x.append(ts_code)                 # 将 ts_code 添加到列表 x 中
        oper_income = row[2]              # results 的查询结果中，第 2 列数据是营业收入
        y.append(oper_income)             # 将 oper_income 添加到列表 y 中
except pymysql.Error as e:
```

```
    print("错误：获取数据错误")                    # 出现异常则输出提示信息
    db.close()                                      # 关闭数据库连接
plt.figure(figsize=(8,6))                          # 创建大小为 8×6 的画布
_____ (x, y ,color='blue')                      # 以散点图展示
plt.xlabel('时间')                                  # 设置坐标轴标题
plt.ylabel('营业收入/百万元')
plt.title('企业近三年的营业收入散点图')              # 设置图像标题
    plt.savefig("d:/数据库取数散点图.png")          # 为图像命名并保存图像
```

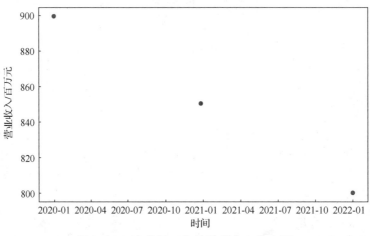

图 5.3.7　企业近三年的营业收入散点图

2. 使用 Matplotlib 库的 pyplot 子库从 lhtz 数据库的 income 表中读取数据，并绘制 2021 年 12 月 31 日所有企业的利润总额条形图（见图 5.3.8），请将关键代码写在画线处。

```
import matplotlib.pyplot as plt                    # 导入数据包
import pandas as pd                                 # 引入 pandas
import pymysql                                      # 引入 pymysql
plt.rcParams['font.family'] = 'SimHei'             # 设置中文字体
plt.rcParams['axes.unicode_minus'] = False
db = pymysql.connect(host='_____',
                     user='root',
                     password='123456',
                     database='_____')           # 打开数据库连接
cursor = db.cursor()                                # 使用 cursor()方法获取操作游标
# 从 income 表查询 end_date 是 2021-12-31 的 ts_code、end_date、total_profit 列数据
sql = "_____"
x = []                                              # 证券代码列表
y = []                                              # 利润总额
try:
    cursor.execute(sql)                             # 执行 SQL 语句
    results =_____                       # 获取所有记录的列表
    for row in _____:
        ts_code= row [0]                            # 证券代码是查询结果的第 0 列数据
```

```
        x.append(ts_code)
        total_profit = row[2]               # 利润总额是查询结果的第 2 列数据
        y.append(total_profit)
except pymysql.Error as e:
    print("错误：获取数据错误")
_____                                   # 关闭数据库连接
plt.figure(figsize=(8,6))                    # 创建大小为 8×6 的画布
_____ (x, y ,color='purple')            # 以条形图展示
_____ ('证券代码')                       # 设置坐标轴标题
plt.ylabel('利润总额/万元')
plt.title('企业 2021 年第 4 季度利润总额柱形图')   # 设置图像标题
plt.savefig("d:/数据库取数条形图.png")            # 为图像命名并保存图像
```

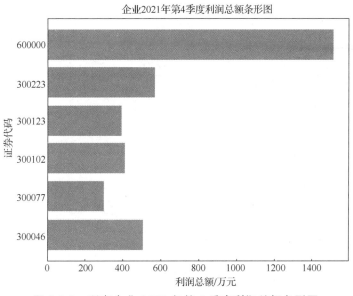

图 5.3.8　所有企业 2021 年第 4 季度利润总额条形图

3. 使用 Matplotlib 库的 pyplot 子库从 lhtz 数据库的 balancesheet 表中读取数据，绘制 2020 年 12 月 31 日证券代码为"300077"的企业负债合计与所有者权益合计饼图（见图 5.3.9）。请将关键代码写在画线处。

```
import matplotlib.pyplot as plt              # 导入数据包
import pandas as pd                          # 引入 pandas
_____                           # 引入 pymysql
plt.rcParams['font.family'] = 'SimHei'       # 设置中文字体
plt.rcParams['axes.unicode_minus'] = False
# 打开数据库连接
db = pymysql.connect(host='localhost',
                user='root',
                password='123456',
                database='lhtz')
cursor = db.cursor()                         # 使用 cursor()方法获取操作游标
# 用 SQL 语句查询 liabilities、owners_equity
```

```
sql = "_____"
label1 =['_____','所有者权益合计']
y = []                                  # 将负债合计、所有者权益合计数据放入列表 y 中
try:
    cursor.execute(_____)        # 执行 SQL 语句
    results = cursor.fetchall()         # 获取所有记录的列表
    for row in results:
        liabilities = row[0]            # 负债合计数据
        y.append(liabilities)
        owners_equity = row[1]          # 所有者权益合计数据
        y.append(owners_equity)
except pymysql.Error as e:
    print("错误：获取数据错误")
db.close()                              # 关闭数据库连接
plt.figure(_____)                # 创建大小为 8×6 的画布
plt.pie(_____,labels=_____,autopct='%.2f%%')    # 以饼图展示
_____ ('企业 2020 年第 4 季度负债及所有者权益饼图')
plt.savefig("d:/数据库取数饼图.png")  # 为图像命名并保存图像
```

企业2020年第4季度负债及所有者权益饼图

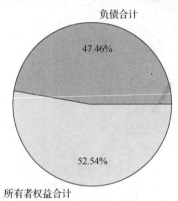

图 5.3.9　企业 2020 年第 4 季度负债合计及所有者权益合计饼图